服装高等教育"十二五"部委级规划教材（本科）

高等院校应用型服装专业规划教材

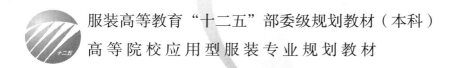

服装素描技法

陈宇刚　主　编

黄　伟　赖慧娟　副主编

U0242248

中国纺织出版社

内 容 提 要

　　本书是一本理论与实践相结合的专业书籍，内容系统，知识量大，讲解详细、具体，图文并茂。全书共分为七个章节，包括服装素描概述、人体结构与比例、简体及关系体的表现、服装人体的表现、着装人体的表现、服饰品的表现和人体动态组合设计等内容。各章节知识内容前后互为因果，相辅相成，循序渐进，科学合理地帮助读者了解、学习服装素描的相关知识。

　　本书可作为高等院校服装设计专业的系列教材，也可作为服装设计专业人士的参考用书，特别对服装设计初学者具有很高的学习价值。

图书在版编目（CIP）数据

服装素描技法 / 陈宇刚主编 .—北京：中国纺织出版社，2014.7（2022.9重印）
服装高等教育"十二五"部委级规划教材 . 本科
高等院校应用型服装专业规划教材
ISBN 978-7-5180-0664-9

Ⅰ.①服⋯　Ⅱ.①陈⋯　Ⅲ.①服装—素描技法—高等职业教育—教材　Ⅳ.① TS941.28

中国版本图书馆 CIP 数据核字（2014）第 094331 号

责任编辑：张思思　　责任校对：余静雯
责任设计：何　建　　责任印制：何　建

中国纺织出版社出版发行
地址：北京市朝阳区百子湾东里A407号楼　邮政编码：100124
销售电话：010 — 67004422　传真：010 — 87155801
http://www.c-textilep.com
中国纺织出版社天猫旗舰店
官方微博http://weibo.com/2119887771
三河市宏盛印务有限公司印刷　　各地新华书店经销
2014年7月第1版　　2022年9月第6次印刷
开本：787×1092　1/16　印张：16
字数：123千字　定价：39.80元

出版者的话

《国家中长期教育改革和发展规划纲要》中提出"全面提高高等教育质量","提高人才培养质量"。教育部教高［2007］1号文件"关于实施高等学校本科教学质量与教学改革工程的意见"中，明确了"继续推进国家精品课程建设"，"积极推进网络教育资源开发和共享平台建设，建设面向全国高校的精品课程和立体化教材的数字化资源中心"，对高等教育教材的质量和立体化模式都提出了更高、更具体的要求。

"着力培养信念执著、品德优良、知识丰富、本领过硬的高素质专门人才和拔尖创新人才"，已成为当今本科教育的主题。教材建设作为教学的重要组成部分，如何适应新形势下我国教学改革要求，配合教育部"卓越工程师教育培养计划"的实施，满足应用型人才培养的需要，在人才培养中发挥作用，成为院校和出版人共同努力的目标。中国纺织服装教育学会协同中国纺织出版社，认真组织制订"十二五"部委级教材规划，组织专家对各院校上报的"十二五"规划教材选题进行认真评选，力求使教材出版与教学改革和课程建设发展相适应，充分体现教材的适用性、科学性、系统性和新颖性，使教材内容具有以下三个特点：

（1）围绕一个核心——育人目标。根据教育规律和课程设置特点，从提高学生分析问题、解决问题的能力入手，教材附有课程设置指导，并于章首介绍本章知识点、重点、难点及专业技能，增加相关学科的最新研究理论、研究热点或历史背景，章后附形式多样的思考题等，提高教材的可读性，增加学生学习兴趣和自学能力，提升学生科技素养和人文素养。

（2）突出一个环节——实践环节。教材出版突出应用性学科的特点，注重理论与生产实践的结合，有针对性地设置教材内容，增加实践、实验内容，并通过多媒体等形式，直观反映生产实践的最新成果。

（3）实现一个立体——开发立体化教材体系。充分利用现代教育技术手段，构建数字教育资源平台，开发教学课件、音像制品、素材库、试题库等多种立体化的配套教材，以直观的形式和丰富的表达充分展现教学内容。

　　教材出版是教育发展中的重要组成部分，为出版高质量的教材，出版社严格甄选作者，组织专家评审，并对出版全过程进行跟踪，及时了解教材编写进度、编写质量，力求做到作者权威、编辑专业、审读严格、精品出版。我们愿与院校一起，共同探讨、完善教材出版，不断推出精品教材，以适应我国高等教育的发展要求。

中国纺织出版社

教材出版中心

前　言

　　服装文化从广义上讲是一种时尚文化现象，它从一个侧面反映了一个国家、民族或地区物质文明和精神文明的程度，而服装设计水平的高低，也从一个方面影响并制约着服装艺术的发展。作为服装设计内容之一的服装素描，在服装艺术发展中起着至关重要的作用。

　　掌握服装素描表现技法，必须具备一定的绘画基础。但是服装素描有自己的一套必须遵循的艺术规律，如人体美的比例、人物造型、服装结构等。这是一门专业性很强的学问，要想掌握这门学问，必须经过严格的专业训练，因此，在各服装院校和艺术院校的服装设计教学中，服装素描课程被列为服装设计的必修基础课程之一。

　　为了适应新的形势，赶上时代的步伐，我们编写了本教材。在编写过程中，我们重点强调学生专业素质全方位的培养，突出学生的创作能力与实践能力，同时也更注重内容的实用性，使之更适合当前人才培养的模式，体现我国高等教育的特点。

　　本书是一本内容系统，知识量大，可操作性较强的实用书籍，讲解详细具体，图文并茂，打破了传统绘画或纯艺术的绘画模式，具有较强的时代感。

　　本书可作为高等院校服装设计专业的系列教材，也可作为服装设计专业人士的参考用书，特别对服装设计初学者具有很高的学习价值。

　　本书由江西服装学院陈宇刚老师任主编，黄伟老师、赖慧娟老师任副主编。在编写过程中，得到了南昌汽车机电学校闫晓梅老师和江西服装学院文淑丽老师、张海军老师、廖江波老师的帮助和支持，在此深表谢意。

　　由于水平有限，书中的疏漏之处在所难免，衷心希望得到同行、专家和读者的批评指正。

陈宇刚

2013年4月30日

教学内容及课时安排

章/课时	课程性质/课时	节	课程内容
第一章 （4课时）	基础理论 （4课时）		• 服装素描概述
第二章 （12课时）	基础理论及练习 （12课时）		• 人体结构与比例
		一	人体结构
		二	人体比例
第三章 （18课时）	基础理论及实践 （84课时）		• 简体、关系体的表现
		一	人体透视与运动规律
		二	简体的表现
		三	关系体的表现
第四章 （30课时）			• 服装人体的表现
		一	头部的表现
		二	手与手臂的表现
		三	脚与腿的表现
		四	服装人体的表现
第五章 （18课时）			• 着装人体的表现
		一	服装细节的表现
		二	着装人体的表现
第六章 （6课时）			• 服饰品的表现
第七章 （12课时）			• 人体动态组合设计
		一	人体姿态设计
		二	系列服装人体姿态设计

注　各院校可根据自身的教学特点和教学计划对课程时数进行调整。

目 录

Contents

基础理论——

第一章
服装素描概述

课题名称： 服装素描概述

课题内容： 教师通过概念的讲解，使学生了解学习服装素描的重要性，并深入准确地解释什么是素描、什么是服装素描、人体与服装之间的关系、学习服装素描的方法、服装素描工具材料的准备等问题。

课题时间： 4课时

教学目的： 1.使学生认识到服装素描在服装专业学习中的重要性。

2.掌握人体基本型的结构关系，了解服装素描的学习方法及工具材料的准备。

教学方式： 采用理论讲授、教师示范、分组讨论等多种方式。

教学要求： 教学场地配备多媒体教学设备、视频展示台。

课前准备： 1.学生需要准备听课笔记本、草稿纸、笔。

2.教师准备相关内容挂图、示范绘画工具及教学课件等。

素描是人类历史上最早出现的绘画形式，也是最古老的艺术语言。在远古时代，人们用木炭和有色泥土作画，造型简单朴素，表现的内容与原始民族的生活息息相关。例如：在兽骨、石器上刻画形象，在洞穴壁上描绘狩猎、驯鹿的场景。现在所知世界上最早的素描绘画是法国的拉斯科洞窟壁画（图1–1）和西班牙阿尔塔米拉山洞窟壁画（图1–2），距今已有一万多年的历史。

一、服装素描

服装素描是指运用简单的色彩与工具，以线描的形式去表现人体与服装造型的绘画形式。

服装素描是研究人体包装的艺术。服装是人体的第二层皮肤，学习服装素描首先要从研究人体开始，通过对人体的研究，来不断美化人体本身，所以服装素描教学的研究重点放在了对人体的研究以及服饰、服装的表现上。服装素描主要采用线描为主的造型方法，训练中着重于对人体、服装、服饰的表现。

图1–1

图1–2

二、人体与服装

1. 人体的基本形

经过漫长的进化，人类的体毛于远古时代的冰河时期（距今约10万~15万年）逐渐褪去，人体皮肤显露并呈现出明确而流畅的外部廓型。人体是人的物质、精神和文化属性的载体。人体主要划分为头部、躯干、上肢和下肢四大部分，它们通过关节相连，构成了人体的基本形式。

人体是一种生命体，因为它会因自身心理、生理及外部环境的变化和触动而产生不同的身体状态。当仔细观察人体几大部分外部廓型时，我们会发现，躯干部分的胸腔和盆腔外部廓型，可以概括为一正一倒的梯形组合，上肢的上臂为圆柱形，前臂为圆锥形，下肢的大腿为圆柱形，小腿为圆锥形，头是蛋形，手是菱形，脚是扇形（图1–3）。

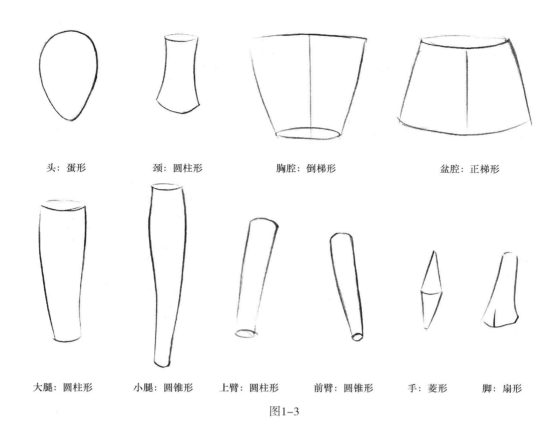

| 头：蛋形 | 颈：圆柱形 | 胸腔：倒梯形 | 盆腔：正梯形 |

| 大腿：圆柱形 | 小腿：圆锥形 | 上臂：圆柱形 | 前臂：圆锥形 | 手：菱形 | 脚：扇形 |

图1-3

2. 人体与服装的关系

人体是服装造型的基础，它对服装造型有限定作用。人体的基本形、结构及运动规律都限定了服装的造型。

人体在服装素描表现中尤其重要，我们在学习过程中，首先解决的问题就是画好人体。要了解人体的姿态与比例关系。人体表现只是一个过程，对服装的表现才是最终的目的。为了达到突出服装的目的，满足视觉上的要求，往往通过夸张的手法来实现，所以在人体表现上一般以9个半头长到10个头长的夸张比例来表现。目前，女性人体追求丰胸、细腰、长腿的苗条型。男性人体则追求方脸、宽肩、胸肌发达、四肢健壮，具有阳刚之气的健美型。男、女性夸张的人体与服装相搭配，恰恰契合了人的理想美的心理感受。

三、服装素描的学习方法

1. 观察与写生

我们在平时的生活中应该多注意观察人，观察人体各部位的结构、比例，观察人体的动作与姿态。还可以对人体的细节部位进行写生练习，以提高我们对人体结构的理解。

2. 多画与临摹

在学习服装素描过程中，我们要勤思考、多动手。可以选择优秀的服装素描作品进行临摹练习，通过大量的临摹练习，逐步提升自身的绘画技巧。

3. 默写与速写

在平时的学习过程中，我们可以进行不同姿态的人体默写与速写练习，为后期服装设计积累人体姿态素材。

四、绘画工具与材料

绘画工具与材料是表现训练的基本条件，不同的绘画工具与材料的应用会产生不同的表现效果，学生应当予以熟悉和掌握。

服装素描使用的工具与材料主要是单色笔与相应质地的纸张，当然还需要配合一些辅助的工具和材料。

1. 画笔

采用自动铅笔为宜，其色泽柔和，绘画的线条粗细基本一致，适合线描的要求。

2. 画纸

在画纸的选用上，适用服装素描的品种较多，考虑的标准主要有两点：一是纸张的强度，因为在服装素描的训练过程中，对画面的修改是不可避免的，所以纸张表面要经得起橡皮的反复涂擦而无损伤；二是纸张的质地，服装素描的表现主要运用线描的技法，尽量选择纸面光滑的画纸，这样便于保持线条的流畅性。

3. 画夹

因为服装素描一般不会表现较大的画面，所以我们可以选择八开画纸大的速写夹，其优点是体积较小，携带方便。

4. 其他辅助工具

橡皮擦、直尺、自动笔芯。

总之，服装素描训练中所使用的绘画工具与材料具有简便、实用、经济、普及的特点。通过熟练掌握绘画工具与材料的使用性能，也能促进学生的绘画水平和学习效率的提升。

思考题

应该如何学习服装素描？

练习题

临摹人体各部位基本形范图。要求造型准确、线条流畅、形态生动。

第二章

人体结构与比例

课题名称： 人体结构与比例

课题内容： 1. 人体骨骼知识

2. 人体肌肉知识

3. 9个半头长人体比例

4. 成年男女及儿童人体的特征比较

课题时间： 12课时

教学目的： 了解服装人体的骨骼和肌肉结构，使学生掌握成年男女、儿童的服装人体比例，通过服装人体临摹训练，在理解人体结构与比例的基础上画出较为准确的人体形态。

教学方式： 采用理论讲授、教师示范、探究法、分组讨论等多种方式。

教学要求： 教学场地配备多媒体教学设备、视频展示台。

课前准备： 1. 学生需要准备听课笔记本、画夹、铅笔、橡皮擦、直尺等工具。

2. 教师准备相关内容挂图、示范绘画工具及教学课件等。

第一节　人体结构

人体的组织结构是极其复杂的。在服装人体的表现中，主要研究的内容是：人体的骨骼、关节和人体肌肉以及它们在运动中所表现出来的外形变化。

一、人体骨骼知识

人体骨骼是构成人体形态的基本条件，在外形上决定着人体比例关系、体型的大小以及人体各部位的生长形状。人体骨架由206块骨骼构成，分为头、躯干、上肢和下肢四个部分。骨骼与骨骼之间通过关节、软骨或韧带相连，并能使彼此产生位置变化，关节是人体能够产生丰富动态的基础。

1. 头部骨骼

头部骨骼由面颅骨骼、脑颅骨骼及头骨转折点组成（图2-1）。

（1）面颅骨骼：包括鼻骨、颧骨、上颌骨、下颌骨。

（2）脑颅骨骼：包括顶骨、额骨、枕骨、颞骨。

（3）头骨转折点：包括额丘、眉丘、颧结节及颧弓、颞线、颏隆凸、颞窝、眶下凹、眼窝、颧下凹。

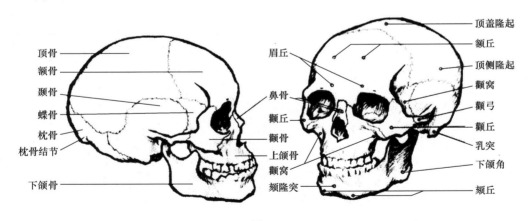

图2-1

2. 躯干骨骼

躯干骨骼主要由脊柱、胸骨、盆骨三部分组成（图2-2）。躯干是人的主体，通常情况下该部分由于被衣服遮盖，外部形态与内部结构常被人忽视。躯干部位对人体的动态起到了关键作用，脊椎骨的弯曲变化会改变人体胸腔和盆腔的位置关系，从而使人体产生丰富的姿态。在服装素描中，男性的阳刚之美和女性的阴柔之美也是通过胸、腹、背、腰、臀等部位来表现的。

（1）脊柱：它是人体结构中最重要的骨骼，由24节脊椎骨连接构成，支撑和连接头、胸、骨盆三大体块。其中颈椎骨7节、胸椎骨12节、腰椎骨5节。

（2）胸骨：由锁骨、肩胛骨、12对肋骨构成，从外形上共同构成了倒梯形形状，是人体重要的三个体块之一。

（3）盆骨：由髂骨和髋骨构成，外形呈正梯形形状。

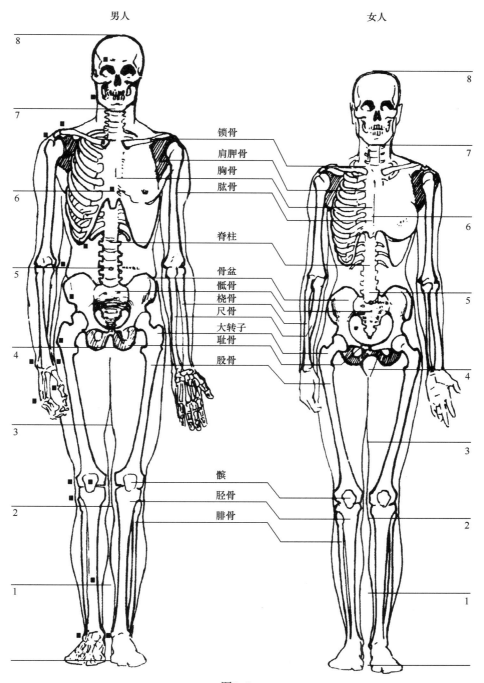

男人　　　　　　　　　　　　　　　女人

锁骨
肩胛骨
胸骨
肱骨

脊柱

骨盆
骶骨
桡骨
尺骨
大转子
耻骨
股骨

髌
胫骨
腓骨

图2-2

3.四肢骨骼

四肢由上肢和下肢两个部分组成。

（1）上肢骨骼：由肱骨、尺骨、桡骨、腕骨、掌骨、指骨构成。

（2）下肢骨骼：由股骨、胫骨、腓骨、踝骨、跗骨、跖骨、趾骨构成。

二、人体肌肉知识

肌肉遍布人体全身，总共有600多块，它们直接构成了人体的外形轮廓和起伏。学习认识人体肌肉结构、形状及运动规律是我们画好服装人体的基础，所以我们要观察、认识和记忆肌肉的结构及形状，特别对能影响服装人体外轮廓型的肌肉形状要达到默画的能力。

通常女性人体的肌肉柔软、平滑且富有弹性，女性脂肪发达，外形丰满，外轮廓线呈圆滑柔顺的弧线。男性肌肉发达，结构明显，外轮廓线较硬朗。

1.头部肌肉

人的头部肌肉十分复杂，我们主要研究的是影响人面部表情和人头部外轮廓型的肌肉。面部表情的变化是很多表情肌共同参与的结果，在绘画头部轮廓线时，也是在表现肌肉的形状（图2-3）。

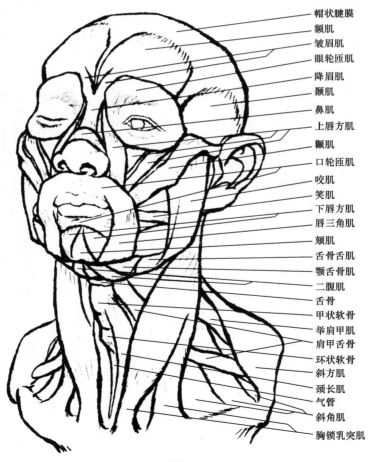

帽状腱膜
额肌
皱眉肌
眼轮匝肌
降眉肌
颧肌
鼻肌
上唇方肌
颧肌
口轮匝肌
咬肌
笑肌
下唇方肌
唇三角肌
颏肌
舌骨舌肌
颚舌骨肌
二腹肌
舌骨
甲状软骨
举肩甲肌
肩甲舌骨
环状软骨
斜方肌
颈长肌
气管
斜角肌
胸锁乳突肌

图2-3

（1）眼睛周围肌肉：主要包括眼轮匝肌、皱眉肌、降眉肌。

（2）鼻子周围肌肉：主要包括鼻肌。

（3）嘴巴周围肌肉：主要包括口轮匝肌、上唇方肌、颧肌、笑肌、颊肌、颏肌、下唇三角肌、咬肌、下唇方肌。

2. 躯干肌肉

躯干肌肉主要分布在躯干的正面和背面，属扁平力量型肌肉。躯干正面主要由胸锁乳突肌、胸大肌、前锯肌、腹直肌、腹外斜肌等肌肉组成。躯干背面主要由斜方肌、背阔肌等肌肉组成（图2-4）。

（1）胸锁乳突肌：位于颈部浅层最显著的肌肉，其功能是使头和颈向侧曲，头和颈部旋转，颈向前或后弯曲。

（2）胸大肌：位于胸前皮下，为扇形扁肌，其范围大，分为胸上肌和胸大肌两部分。其功能是使上臂向内、向前、向上和向下运动，臂部向内旋转。

（3）前锯肌：位于胸廓的外侧皮下，上部分被胸大肌和胸小肌所遮盖，是块扁肌。其功能是使肩胛下转，使肩胛拉向一侧，帮助扩展胸部，帮助两臂举过头部。

（4）腹直肌：由上腹肌和下腹肌两部分组成。位于腹前臂正中线的两侧，其功能是使脊柱向前弯曲，压缩腹部。

（5）腹外斜肌：为宽阔扁肌，位于腹前外侧的浅层，起始部呈锯齿状。

（6）斜方肌：位于颈部和背部皮下，一侧呈三角形，左右两侧组合构成斜方形，称为"斜方肌"。其功能是上举和放下肩带，移动肩胛骨，帮助头部倒向后面和侧面。

（7）背阔肌：位于腰背部和胸部后下侧的皮下，是全身最大的阔肌，上部被斜方肌遮盖。其功能是使手臂向下和向后伸展，肩带下压，躯干侧向一边。

3. 上肢肌肉

上肢肌由三角肌、肱二头肌、肱三头肌、前臂屈肌群等组成（图2-5）。

（1）三角肌：位于肩部皮下，它是一块呈三角形的肌肉，肩部的膨隆外形即由该肌形成，两侧肌肉纤维呈梭形，中部纤维呈多羽状，这种结构肌肉体积小而具有较大的力量。它的功能是使手臂举到水平位，手臂分别向前、中、后举到一定的高度。

（2）肱二头肌：位于上臂前侧皮下。其功能是弯曲肘部，掌心向上放下前臂，使前臂向前弯曲至肩部。

（3）肱三头肌：位于上臂后侧皮下，起自肩关节后侧。其功能是使手臂伸直和拉向后方。

（4）前臂屈肌群：位于前臂前面的内侧皮下，能使手弯曲和外展。

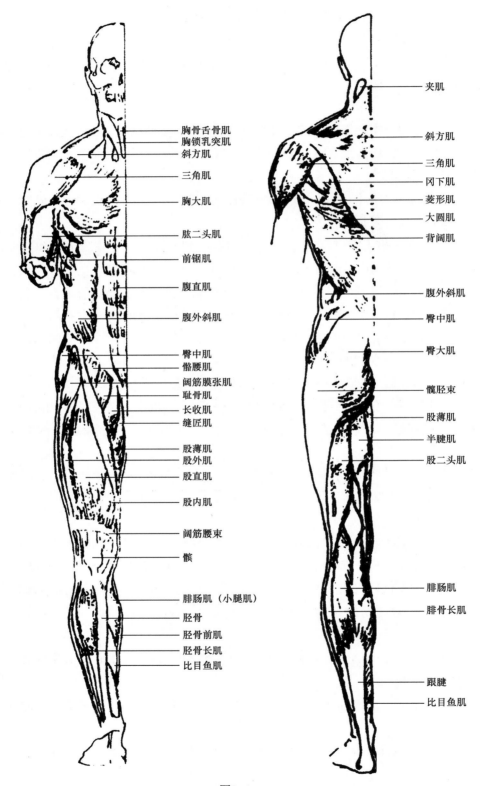

胸骨舌骨肌
胸锁乳突肌
斜方肌
三角肌
胸大肌
肱二头肌
前锯肌
腹直肌
腹外斜肌
臀中肌
髂腰肌
阔筋膜张肌
耻骨肌
长收肌
缝匠肌
股薄肌
股外肌
股直肌
股内肌
阔筋腰束
髌
腓肠肌（小腿肌）
胫骨
胫骨前肌
胫骨长肌
比目鱼肌

夹肌
斜方肌
三角肌
冈下肌
菱形肌
大圆肌
背阔肌
腹外斜肌
臀中肌
臀大肌
髋胫束
股薄肌
半腱肌
股二头肌
腓肠肌
腓骨长肌
跟腱
比目鱼肌

图2-4

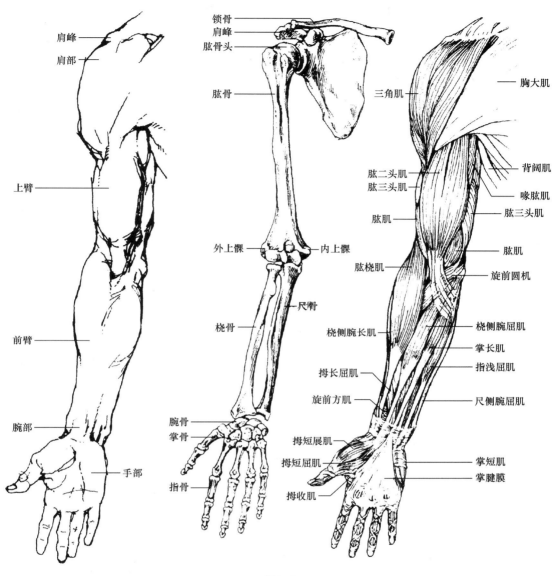

图2-5

4.下肢肌肉

下肢肌由臀大肌、股四头肌、缝匠肌、胫骨前肌、腓骨肌、腓肠肌、比目鱼肌等组成（图2-6）。

（1）臀大肌：起自髂嵴和骶骨侧缘，止于大转子附近，有外展、后伸大腿的作用。

（2）股四头肌：从髋骨前侧和股骨后缘开始，从公共腱开始止于胫骨粗隆。有前伸小腿的作用。

（3）缝匠肌：起于髂嵴前端，止于胫骨内踝，起着后屈小腿的作用。

（4）胫骨前肌：起自胫骨外侧面，肌腱向下经伸肌上、下支持带的深面，止于内侧骨侧面和第一跖骨底。作用为伸展踝关节，使足内翻，受到腓深神经支配。

（5）腓骨肌：始于腓骨小头，经外踝、跟骨外侧缘止于足底。有屈足、抬起足外缘的作用。

（6）腓肠肌：腓肠肌位于小腿背后，从股骨的远端向下延伸到跟骨，当其收缩时，可使足向下弯曲，并辅助膝盖弯曲。腓肠肌是通过跟腱与足跟相连的。

（7）比目鱼肌：腓肠肌下面扁平的小腿肌肉，起自胫、腓骨上端的后面，因形似比目鱼，故名比目鱼肌，作用是旋转脚面、提足。

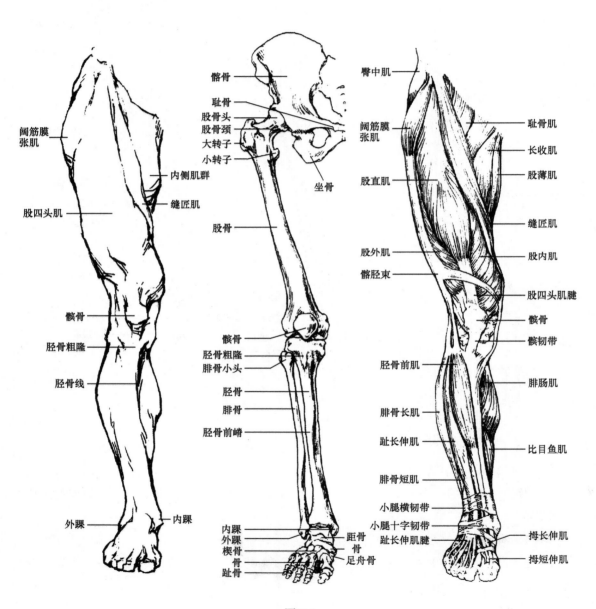

图2-6

我们在学习过程中，首先要了解人体的总体结构，熟悉人体各部位的主要结构，借助人体骨架、肌肉挂图来帮助理解人体结构，实现对人体结构的形象记忆。

第二节 人体比例

所谓人体比例，是指人体与各个部位之间的大小比较，通常是指人体各个部位间的长度、宽度比例。人的形体比例是较为复杂的，为了准确地画好人的形体，已经有很多艺术家、服装设计师进行了深入的研究。

由于人们审美观念的差异以及人体本身实际比例的不同，因此，在世界服装领域内，特别是服装教学过程中的服装人体比例，不同的国家、种族有所不同。例如：美国纽约时装学院的服装教学中的人体比例为9个半头长左右；日本东京文化服装学院的服装教学中的人体比例为8~10个头长；法国巴黎ESMOD高等国际时装设计学院的服装人体比例是10个头长以上。由于服装人体比例伴随着时尚和服装文化的发展而变化，为了与当前国际时尚接轨，我们在教科书中统一以9个半头长为基础进行教学分析。

研究服装人体比例的方法有三种：基准法、黄金分割法和百分比法。其中基准法在服装素描中较为常用，也就是以一个头的长度为基准而求其与整个身长及各部位的比例。即以头长为单位，从头至脚底总长为9个半头长。

一、9个半头长人体比例

9个半头长人体比例的具体比例分析如下（图2-7~图2-10）：

第一头高：自头顶至下颌底；

第二头高：自下颌底至乳点；

第三头高：自乳点至腰部；

第四头高：自腰部至耻骨联合；

第五头高：自耻骨联合至大腿中部；

第六头高：自大腿中部至膝关节；

第七头高：自膝关节至小腿1/3处；

第八头高：自小腿1/3处至小腿2/3处；

第九头高：自小腿2/3处至踝部；

第九个半头高：自踝部至地面。

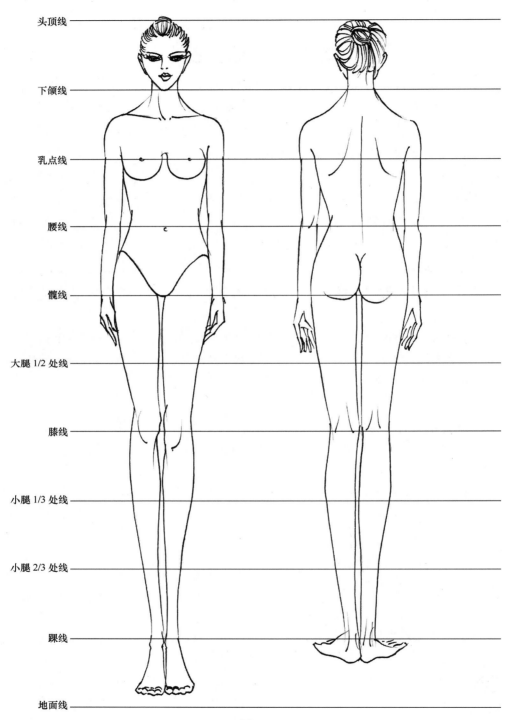

头顶线

下颌线

乳点线

腰线

髋线

大腿 1/2 处线

膝线

小腿 1/3 处线

小腿 2/3 处线

踝线

地面线

图2-7

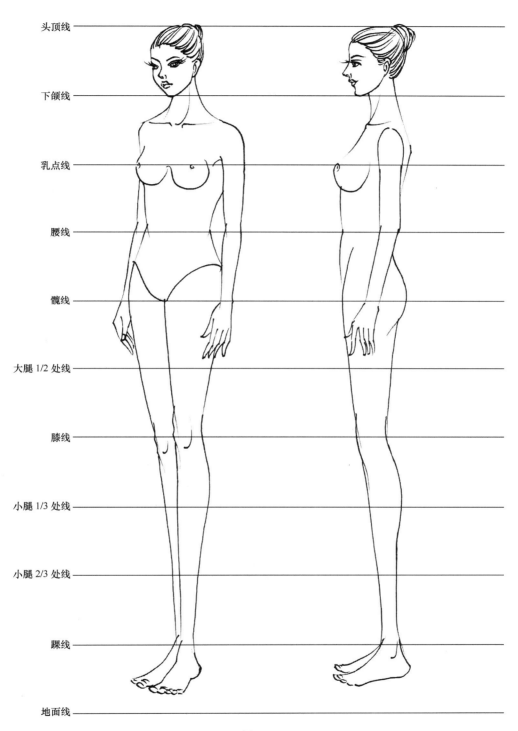

头顶线

下颌线

乳点线

腰线

髋线

大腿 1/2 处线

膝线

小腿 1/3 处线

小腿 2/3 处线

踝线

地面线

图2-8

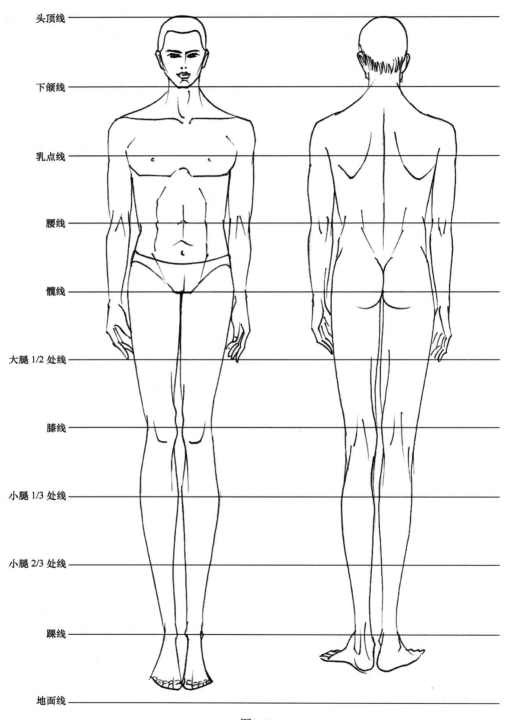

头顶线

下颌线

乳点线

腰线

髋线

大腿 1/2 处线

膝线

小腿 1/3 处线

小腿 2/3 处线

踝线

地面线

图2-9

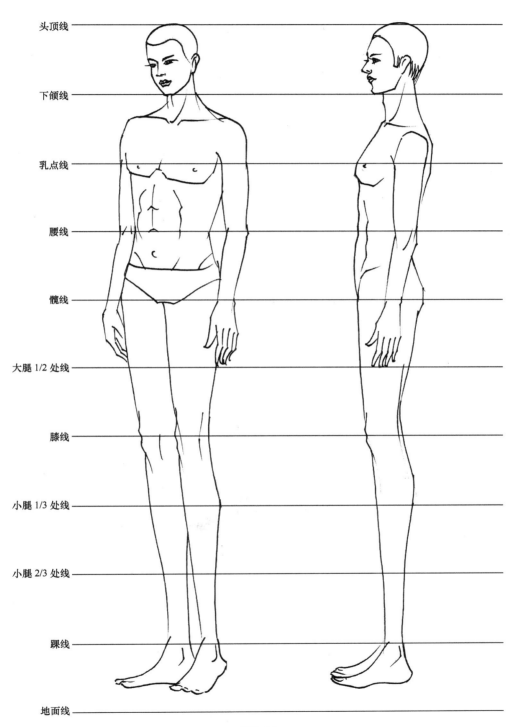

头顶线

下颌线

乳点线

腰线

髋线

大腿 1/2 处线

膝线

小腿 1/3 处线

小腿 2/3 处线

踝线

地面线

图2-10

二、9个半头长人体各部位的比例

1. 肩宽

女性人体肩宽1个半头长，男性人体肩宽略小于2个头长。

2. 腰宽

女性人体腰宽小于1个头长，男性人体腰宽为1个头长。

3. 臀宽

女性人体臀宽与肩宽相同，为1个半头长。男性人体臀宽也为1个半头长。

4. 上肢

人体上肢总长度为3个头长多一点，其中上臂长度为1个半头长，前臂长度为1个头长多一点，手的长度为2/3个头长，约等于面的长度。

5. 下肢

人体下肢总长度为5个半头长，其中大腿长度为2个头长，小腿长度为3个头长，从正面角度观察，由于透视的关系看上去是半个头长，从全侧面角度观察，脚的长度是1个头长。

三、成年男女及儿童人体的特征比较

由于性别的不同，男女性在生长发育过程中，人体比例的变化有较大的差别，随着其成长，体型特征也越来越明显。下面我们对成年男女、儿童的体型特征进行深入地了解和比较，从而帮助我们更好地进行服装人体的表现。

1. 成年女性人体特征

女性人体下颌较小，颈部细而长；乳头位置比男性稍低，距脐约1个头长；腰线较长，腰宽为1个头长少一点，肚脐位于腰线下方一点；股骨和大转子向外隆出，臀部丰满低垂；大腿平而宽阔，富有脂肪，小腿长度需要画得比大腿长些。

2. 成年男性人体特征

男性人体骨架、骨节比女性大，前额方而平直，颈粗而健硕；胸部肌肉丰满而厚实，两乳间距为1个头长；腰部两侧的外轮廓线短而平直，腰部宽度为1个头长；盆腔较狭窄，大转子连线的长度短于肩宽；下肢肌肉结实、发达，男性的手和脚比女性的偏大一些。

3. 儿童人体特征

根据儿童的生长规律，各年龄段的儿童人体特征不同，大致可分为以下四个阶段（图2-11）：

（1）婴儿（1~3岁），身高为3~4个头长。脸颊丰满圆润，下颌较低，上唇稍显突出，鼻子、耳朵较圆，眼睛大而美，外轮廓富有脂肪。

（2）幼儿（4~6岁），身高为5个头长。五官形象比婴儿更为明显，腿比婴儿时长了一点，肚皮肥胖圆润，身高、体重都有明显的增加，超过4岁半后，体重、身高的增加比较固定。

（3）少年（6~12岁），身高为7个头长。有较长的腿和手臂，其原有的婴儿脂肪正在逐渐消逝，并显露出膝、肘等部位的骨骼以及其他成年人体的特点。男女的性格、体型差异日益明显。

（4）青少年（13~17岁），身高为8个头长。在比例上他们修长的腿和身材已超过了成年人。骨骼上的变化明显，生理上也有明显变化。

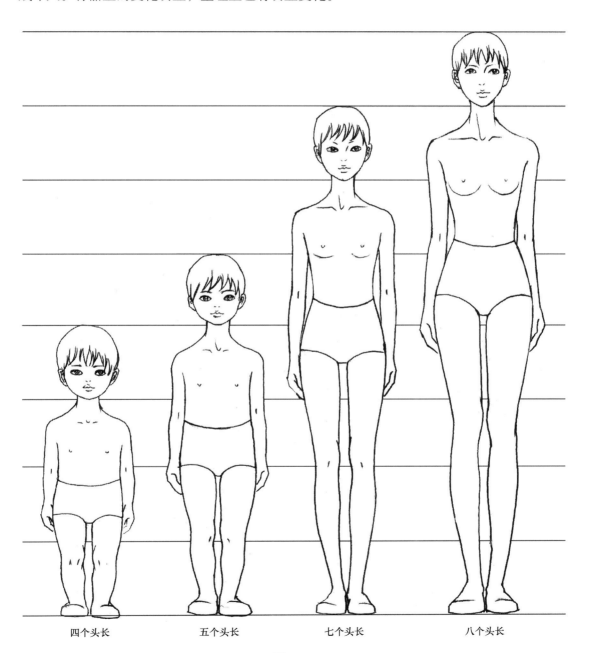

四个头长　　　　　五个头长　　　　　七个头长　　　　　八个头长

图2-11

思考题

1. 成年男女、儿童人体在结构特征上有什么不同之处?

2. 成年男女服装人体各部位比例的区别是什么?

练习题

按照服装人体的比例要求,分别描绘正面、2/3侧面、全侧面、背面的成年男女人体。

要求:人体比例标准,线条流畅,尽量做到大体形态的准确、概括、生动。

基础理论及实践——

第三章

简体、关系体的表现

课题名称： 简体、关系体的表现

课题内容： 1. 人体透视与运动规律

2. 简体的表现

3. 关系体的表现

课题时间： 18课时

教学目的： 本章通过对人体透视的研究，使学生正确理解人体运动规律，全面了解服装人体的动态表现原理，掌握服装素描中简体、关系体的表现方法和步骤。

教学方式： 采用理论讲授、教师示范、探究法、分组讨论等多种方式。

教学要求： 教学场地配备多媒体教学设备、视频展示台。

课前准备： 1. 学生需要准备听课笔记本、画夹、铅笔、橡皮擦、直尺等工具。

2. 教师准备相关内容挂图、示范绘画工具及教学课件等。

第一节　人体透视与运动规律

人总是在运动着的，人体活动的复杂性给我们的绘画带来了一定的难度。在学习研究人体运动规律前我们首先要了解人体透视的原理。

一、人体透视的变化

1.人体的对称因素与观察角度

人体各个部位都有平衡的对称关系，正面直立的人，双肩、双胯、双膝连线都能构成水平线，左右对称的呼应点连线应保持水平线，并彼此平行。如果人体是侧立于你的视线前，就进入了成角透视状态，身体各对称部位的连线关系，将随同整个人体的消失方向形成两个消失点（图3-1）。

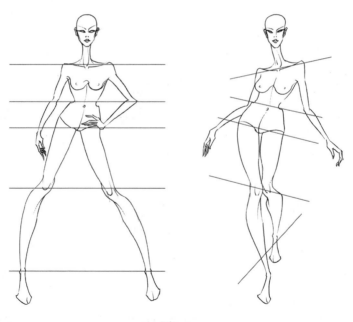

图3-1

2.人体的动态与透视的关系

人的头、颈、胸、腹、盆骨、大腿、上臂、手、足等都有一定的基本形，我们可以把这些部位归纳成简单的体块，并由关节、脊柱连接。体块在肌肉的牵引下，可以改变各部位的位置关系，从而影响体块的透视变化。当身体各个部位都处在运动状态时，整个人体的体态就会发生变化。我们在作画时应认真分析每个部位在运动中所处的位置、方向和透视变化，还要注意整体的透视协调平衡关系（图3-2）。

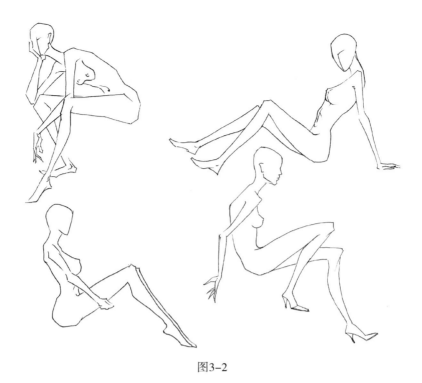

图3-2

二、人体运动规律

人体运动规律是我们表现人体动态的基础。了解、认识人的动作目的与动作之间的规律性，对表现服装人体动态具有一定的意义。

1. 人体各种动态的关系

人体的主要部分是头、躯干、四肢，它们构成了简单的人体基础结构，为了便于分析各种人体动态的规律，可将复杂的人体概括为"一竖、二横、三体积、四肢"来帮助理解。

（1）"一竖"是指人体躯干部分的脊柱线，是人体运动时的主要动态线。

（2）"二横"是两肩和两髋骨的两条连线，这两条连线代表人体上下运动时两连线各种不同方向的倾斜。"二横"体现出的形态可用"＞""＝""＜"三种符号表示（图3-3）。

图3-3

（3）"三体积"是指人体的头部、胸部、骨盆三块体积。当人体运动时，它们依靠脊柱的关节形成扭转、仰俯、倾斜的不同状态。头用蛋形球体，胸部用倒梯形盒状体，骨盆用正梯形盒状体来概括。

（4）"四肢"即上肢和下肢，在人体活动中，它们占主要地位，上臂为圆柱形，前臂为圆锥形，手为菱形，大腿为圆柱形，小腿为圆锥形，足为扇形。

2. **人体的动态线、重心线规律**

我们展现服装时采用的人体总是选择动态生动、姿势舒适的体态，因为这能更全面地展示出服装的美感，要画出生动的人体动态，我们还得了解人体的动态线、重心线的规律。

（1）动态线规律：服装人体上有三根主要的动态线，其中脊柱线最为重要，其次是肩线和髋线。在表现服装人体时，掌握脊柱线、肩线和髋线的运动规律是表现人体动态的关键因素。服装人体的动态非常丰富，但是脊柱线、肩线和髋线的形态规律可用">""＝""<"三种符号概括（图3-4）。

第一，当肩线倾斜角度左侧高右侧低时，髋线的倾斜角度与它正好相反，为左侧低右侧高，人体中心线（脊柱线）位置的偏移朝向是">"缩小的方向。

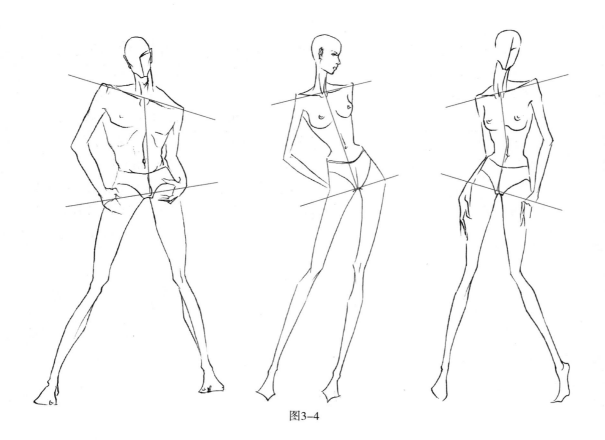

图3-4

第二，当肩线与髋线的位置处于平行状态时，人体中心线（脊柱线）处于人体躯干中间位置。

第三，当肩线倾斜角度左侧低右侧高时，髋线的倾斜角度与它正好相反，为左侧高右侧低，人体中心线（脊柱线）位置的偏移朝向是"＜"缩小的方向。

（2）重心线规律：服装人体是以平衡重心来取得丰富姿态的，重心线是指从人体的胸锁窝向地面画的一条垂直线，当人体处于正面直立姿态时，人体重心线就会与人体中心线（脊柱线）重合在一起。重心线是我们表现人体下肢的重要参照线，可以帮助我们分析、判断所表现对象的姿态是否稳定。当人体直立时重心线和脊柱动态线重合在一起，躯干弯曲时两线分离且脊柱线成为一条弧线，重心线始终是一条垂直线。重心线的规律有以下两种情况（图3-5、图3-6）。

第一，单腿承重。当单腿承重时，重心线的接地点在受力的那条腿的脚底，另外的一只不承受人体重量的腿可自由地放于重心线的左侧或者右侧。

第二，双腿承重。当人体双腿承重时，重心线的接地点在两腿之间。不能将双腿同时画于重心线的一侧，否则人体姿态不成立，表现的人体会有向一侧倾倒的感觉。

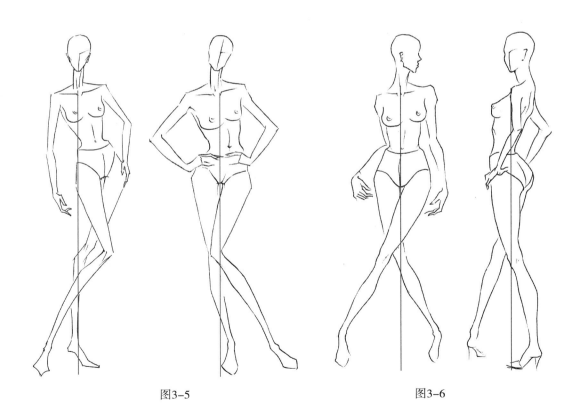

图3-5   图3-6

第二节　简体的表现

　　服装人体的学习主要分为简体、关系体和服装人体三个阶段，由简体到服装人体是一种递进关系，由浅入深，由易到难，最终掌握服装人体的表现技巧。

　　简体是服装人体的一种简单的表现形式，学习简体的目的是让我们更好地把握人体的大形、大动态、大比例关系及人体各"部件"的位置关系。

一、简体的表现方法

　　简体的表现是指用最简洁的线条描绘人体的大形、大比例及大动态。主要运用清晰流畅的直线表现人体，除了头部、乳房和臀部可用弧线外，其余位置都用直线表现。不需要表现头、手、脚的细节。在表现过程中，描绘的每根线条尽量保持流畅，不要养成经常涂改线条的习惯，否则会影响线条的优美感。

二、简体的表现步骤（图3-7~图3-10）

　　（1）在一张八开大的素描纸上，用直尺由上而下平均地画出10个格子，纸的上端留出1.5cm，下端留出2cm左右；

　　（2）由上往下、由左往右地画。首先画出头和颈部，再确定胸锁窝和左、右肩峰点的位置，并画出肩线；再从胸锁窝开始描画人体动态线（脊柱线），根据动态线的规律画出髋线。然后从胸锁窝向地面画出重心线；

　　（3）画出胸腔和盆腔的轮廓，外形可用一个倒梯形和一个正梯形概括；

　　（4）根据重心线和脚的位置画腿。通常情况下，对于双腿受力的人体姿态，我们要先画出承重多的那条腿；对于单腿受力的人体姿态，要先画出受力的那条腿。画脚的轮廓时要注意双脚的比例和方向；

　　（5）根据上肢和手的比例特征，完成手臂和手的外形的表现。

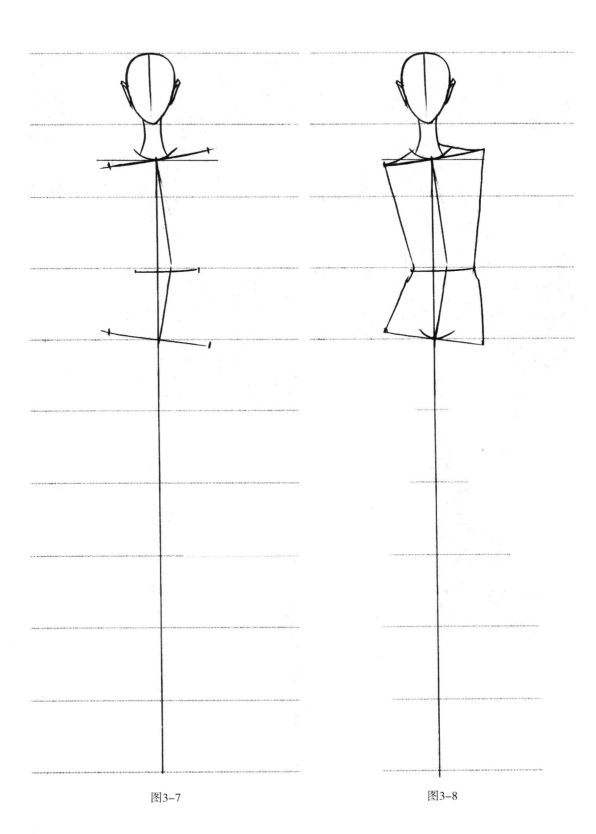

图3-7   图3-8

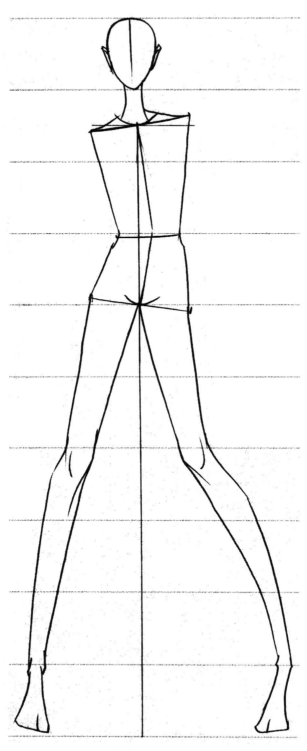

图3-9

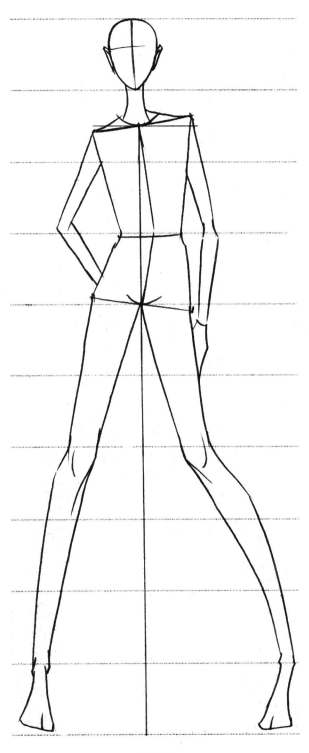

图3-10

三、常见简体姿态范图（图3-11~图3-26）

图3-11

图3-12

图3-13

图3-14

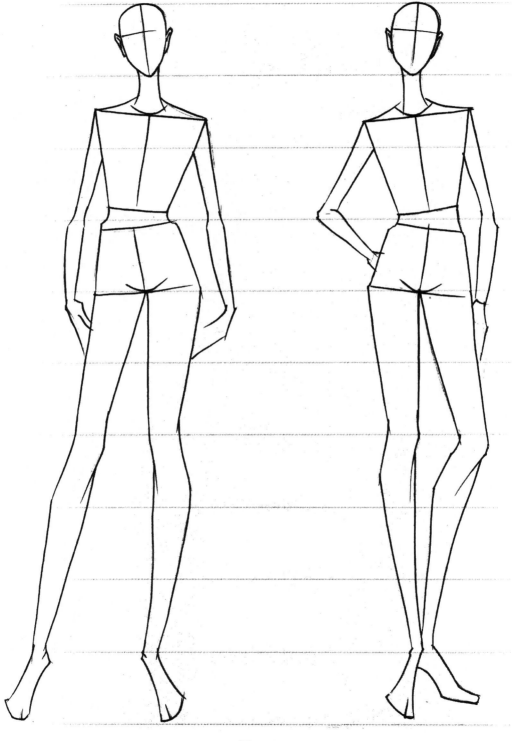

图3-15

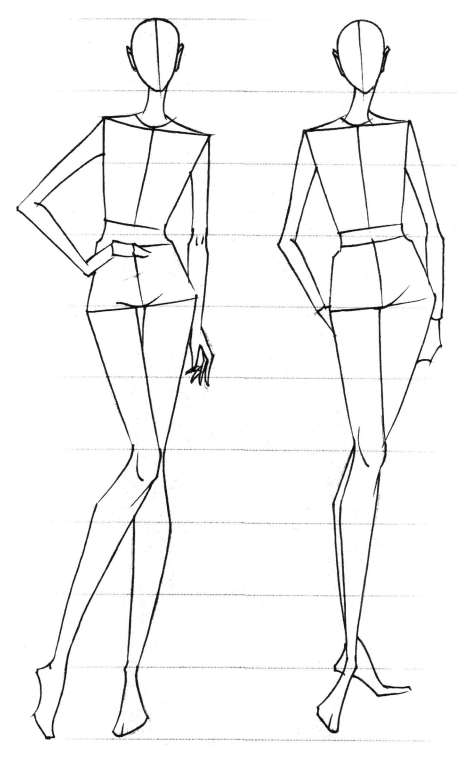

图3-16

图3-17

图3-18

图3-19

图3-20

图3-21

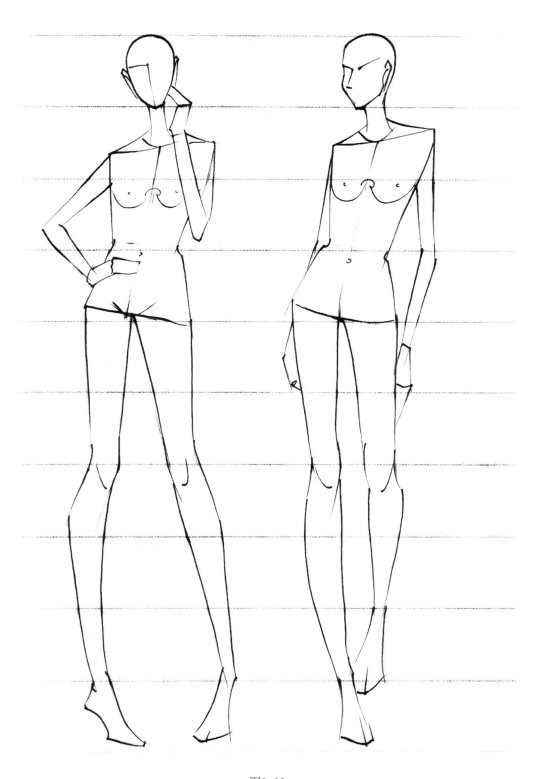

图3-22

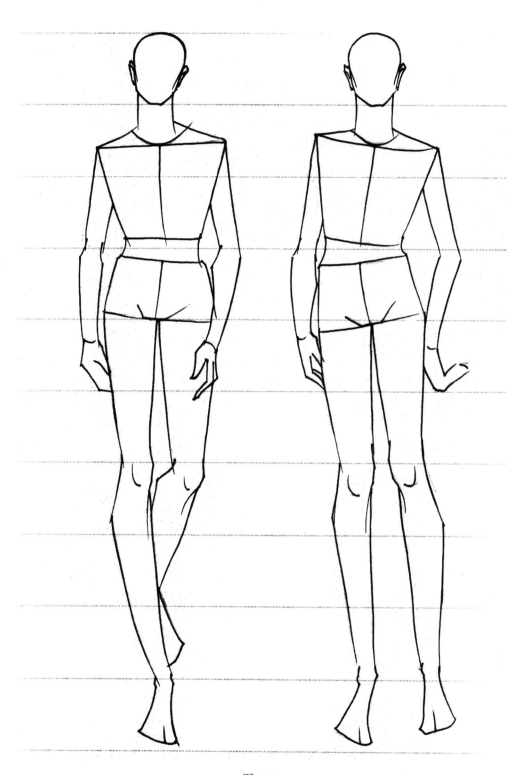

图3-23

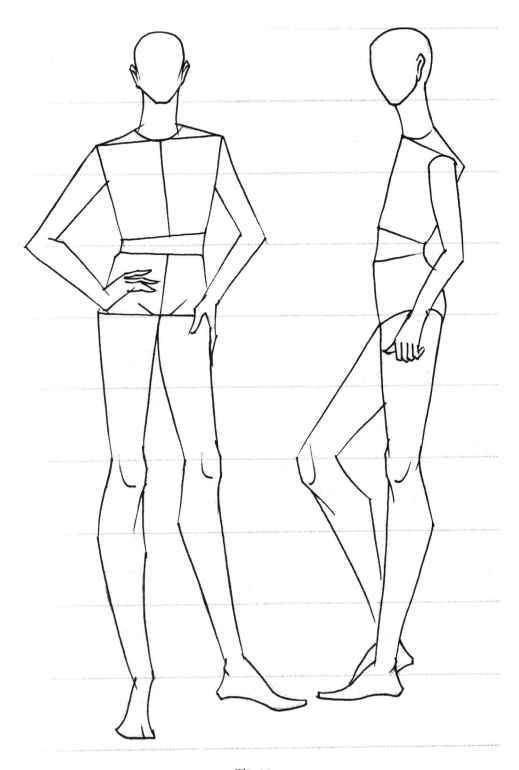

图3-24

图3-25

图3-26

第三节　关系体的表现

关系体是在简体练习的基础上完成的一种更接近于服装人体的人体动态。即给简体加上肌肉，并运用焦点透视和圆柱体透视的规律和特点，处理人体各"部位"的体积及它们之间的空间位置关系。

一、关系体的表现方法

关系体的表现并不是画完简体后，再给简体加上肌肉这么简单。而是要将具有服装人体特征的各"部件"直接组合成关系体。

关系体的表现步骤与简体的表现步骤基本相同，由上往下、由左往右地画。但是关系体的表现需要把人体上肢和下肢从关节处断开，胸腔和盆腔也要从腰部断开，这样做的目的是便于明确各部位的透视特征及空间位置关系。关系体的表现不需要表现头、手、脚的细节。

二、关系体的表现步骤（图3-27、图3-28）

（1）在八开大素描纸上画出平均的10个格子，纸的上端留出1.5cm，下端留出2cm左右。

（2）先画出头部和颈部，确定脊柱线、肩线、髋线的位置关系，画出躯干形体，注意断开腰部，表现出形态断面轮廓。

（3）从胸锁窝开始向下画出重心线，表现出下肢的形体，膝关节部位断开，表现出形态断面轮廓。

（4）根据手臂的运动规律，表现出上肢的形体，肘关节部位断开，表现出形态断面轮廓。

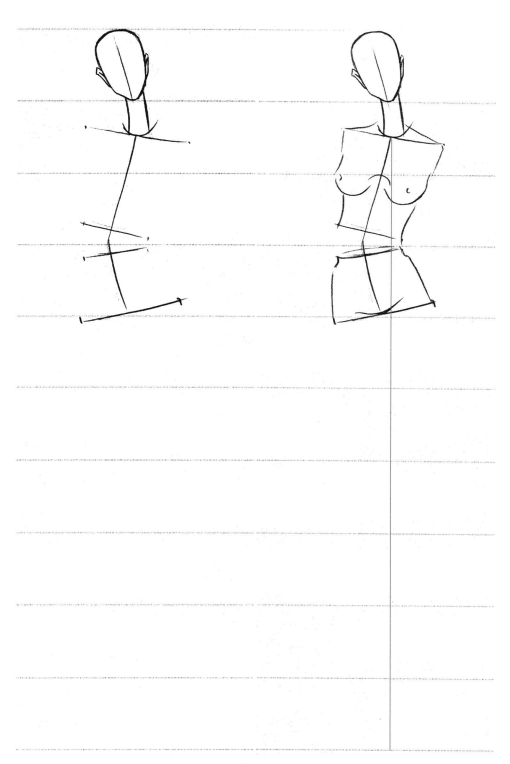

图3-27

图3-28

三、常见关系体姿态范图（图3-29~图3-38）

图3-29

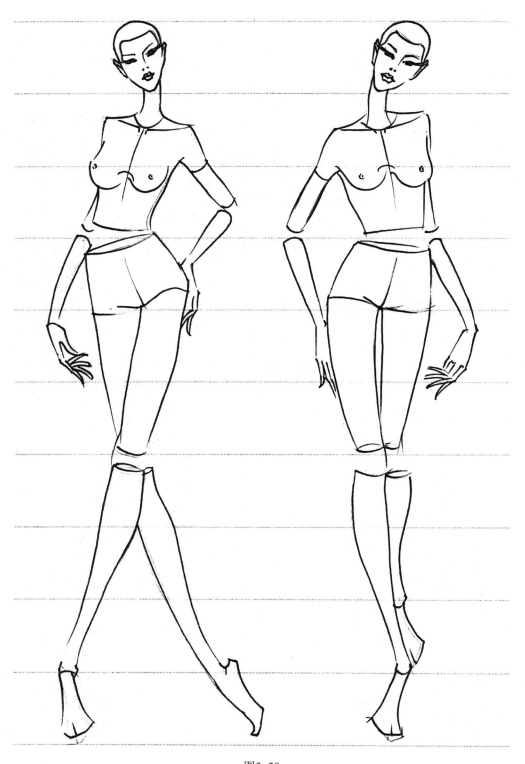

图3-30

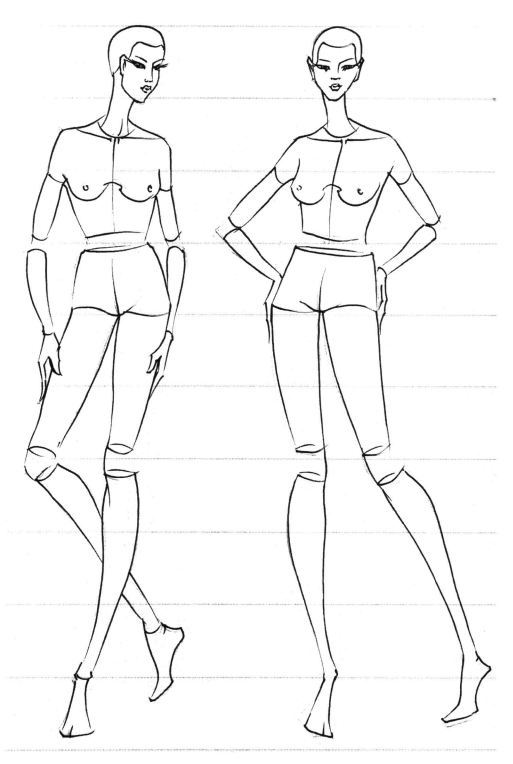

图3-31

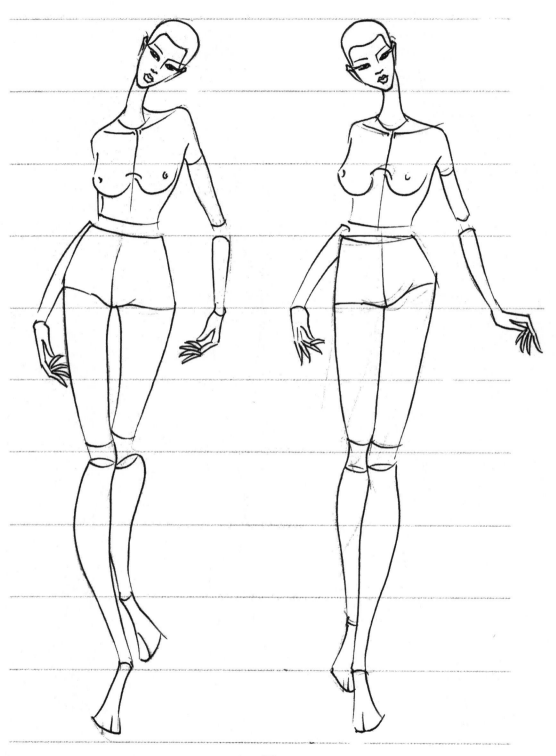

图3-32

图3-33

图3-34

图3-35

图3-36

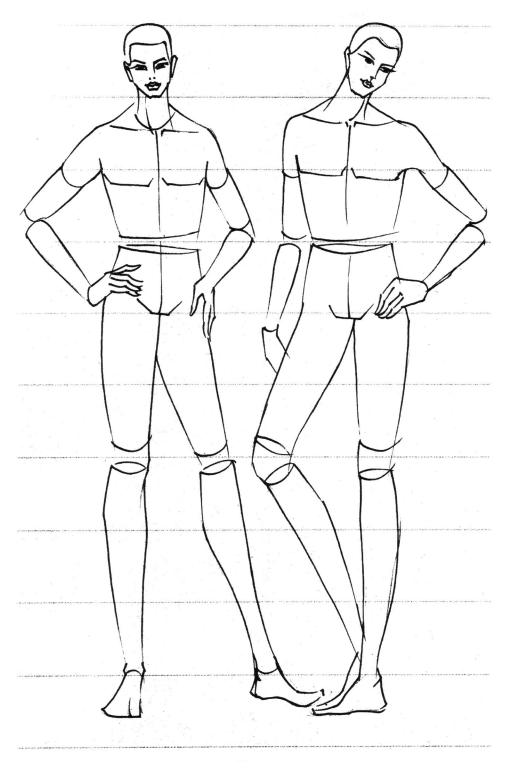

图3-37

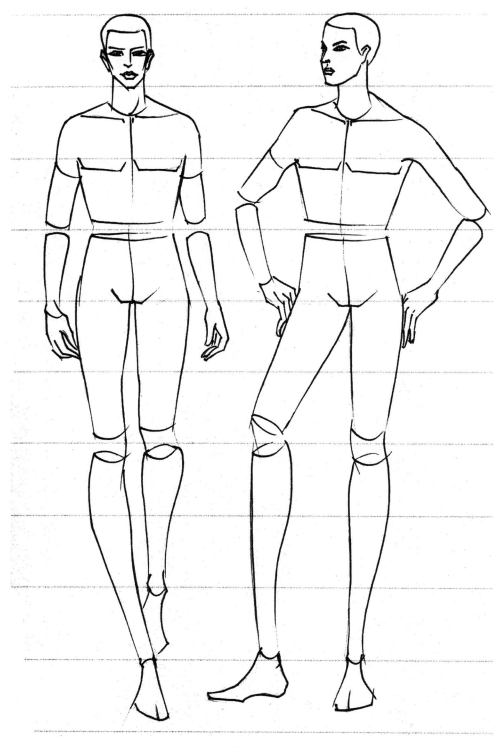

图3-38

思考题

　　1. 人体动态线、重心线有什么规律?

　　2. 如何掌握简体、关系体的表现方法及步骤?

练习题

　　1. 按简体的作画步骤表现10个人体。

　　2. 按关系体的作画步骤表现10个人体。

　　要求: 人体比例标准, 表现方法及步骤准确, 线条清晰流畅, 并尽量减
　　　　　少修改。努力记忆所画的每个人体的姿态。

第四章

服装人体的表现

课题名称：服装人体的表现

课题内容：1. 人体细节的表现

2. 服装人体的表现

课题时间：30课时

教学目的：1. 通过对人体头部、上肢和下肢结构特征的分析，使学生掌握头部五官、头型、发型、手、手臂、脚、腿各部位的表现方法，努力提高对人体细节的观察、记忆、表现三方面的能力。

2. 通过大量的服装人体绘画训练，使学生具备正确的观察方法，树立正确的造型观念、整体观念，掌握线描服装人体的表现方法。

教学方式：采用理论讲授、教师示范、探究法、分组讨论、小组合作学习等多种方式。

教学要求：教学场地配备多媒体教学设备、视频展示台。

课前准备：1. 学生需要准备听课笔记本、画夹、铅笔、橡皮擦、直尺等工具。

2. 教师准备相关内容挂图、示范绘画工具及教学课件等。

第一节 头部的表现

头部分为脑颅、面颅、发型三部分。人的头部基本形状是蛋形。中国古代画论用"八格"来概括头型，即用"田、国、由、甲、用、目、风、申"八个字来形容头部的形状。在服装素描中，男、女性及儿童的头型有特定的形状，一般男性头型为"目"字形，长方形外轮廓，女性头型为"甲"字形，鹅蛋形外轮廓，儿童头型为"田"字形，圆形外轮廓。

在服装素描表现中，头部一般采取简练而概括的处理方法，抓住最美的东西，生动、重点地表现出来。好的人体脸部表现，可使整个画面生动起来。我们要表现好人体脸部，首先要表现好脸部五官，其次要表现好人体头型轮廓，最后要表现好人物发型。

一、五官的表现

（一）眼睛、眉的表现

"眼睛是人心灵的窗户"，它能传达人的情感，它在服装素描头部表现中占有非常重要的地位。我们要表现好人的眼睛和眉，首先要对眼睛和眉的结构有一个清晰的理解及认识。

1.眼睛、眉的结构

眼睛由眼眶、眼睑、眼球三部分组成（图4-1）。眼眶由颧骨、眉弓骨构成，内置眼球。眼球由瞳孔、虹膜、巩膜组成。眼睑由上、下眼睑组成，上眼睑活动，下眼睑相对稳定。有的上眼皮褶起形成一条纹路，称为双眼皮。上、下眼睑的边缘有睫毛，上眼睑睫毛较粗并上弯，下眼睑睫毛较细并向下弯。

眉生长在眼睛上方，其结构为眉头、眉际、眉梢三部分。眉分为上下两列，上列眉从眉长的1/3处开始生长，内浓外淡。

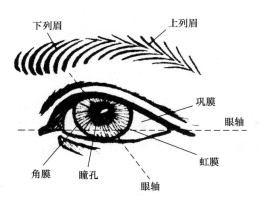

图4-1

2. 眼睛、眉的画法

由于人体头部的运动姿态不同，眼睛的表现也有所不同，常画的三种角度为正面、2/3侧面、全侧面。

（1）正面眼睛的绘画步骤（图4-2）：

①先画一条水平线决定眼睛长度，为内眼角与外眼角的连线；

②画出"鱼"形上下眼睑外形，注意眼尾比眼头略高，线条需要流畅圆润；

③画出圆形的眼球，注意1/3的虹膜被上眼睑遮住；

④确定眉与眼间的距离，画出眉的柳弯外形，眉头粗于眉尾；

⑤眼睫毛倾斜弯曲，上眼睫毛长于下眼睫毛；

⑥根据光影关系表现眼睛的明暗，画出传神的眼睛。

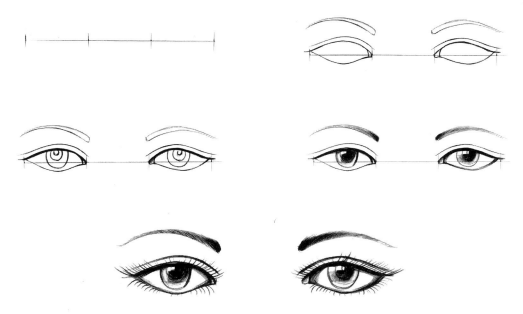

图4-2

（2）2/3侧面眼睛的绘画步骤（图4-3）：

①先画一条水平线，确定眼睛的长度，由于角度透视关系，2/3侧面有一只眼睛的长度比正面眼睛的长度看起来要短一些；

②用流畅圆润的弧线画出上、下眼睑外形；

③画出圆形眼球，有1/3的虹膜被上眼睑遮住；

④画出纤细、柳弯的眉；

⑤画出长长的眼睫毛，上眼睫毛长于下眼睫毛；

⑥润色，根据光影关系表现眼睛的明暗。

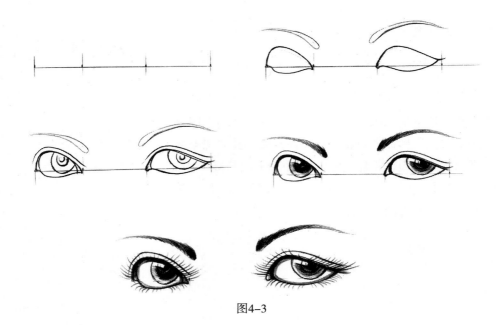

图4-3

（3）全侧面眼睛的绘画步骤（图4-4）：

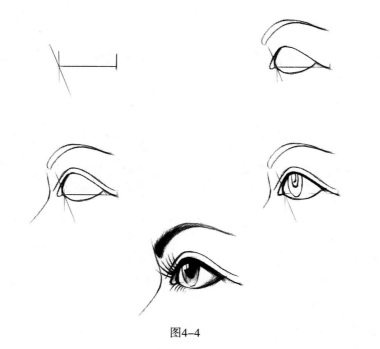

图4-4

①先画一条水平线确定眼睛长度，全侧面眼睛的长度为正面眼睛的一半；

②分别表现出上、下眼睑的外形；

③由于角度透视关系，眼球变为椭圆形体；

④画出眉毛，眉头粗于眉尾，眉尾高于眉头；

⑤上眼睫毛倾斜弯翘，下眼睫毛短于上眼睫毛；

⑥润色，表现出明暗关系。

3. 眼睛、眉的特征

男性和女性的眼睛在表现上是有差异的，女性眼睛较大，线条柔美，眉毛纤细，柳弯眉较多，眼睫毛长而弯曲；男性眼睛线条刚硬，眼神坚毅，眉毛较为粗黑浓重，眼睫毛较短；儿童的眼睛大而圆，眉毛较淡，眼睫毛长而美丽。

4. 常见眼眉范图（图4-5、图4-6）

图4-5

图4-6

（二）鼻子的表现

1.鼻子的结构

鼻子由鼻梁、鼻头、鼻翼三部分组成，骨骼有鼻骨、鼻软骨、鼻翼软骨（图4-7），鼻头高而厚，鼻翼较薄。鼻子的表现要把握大形和方向，鼻头和鼻翼的处理不宜过大。

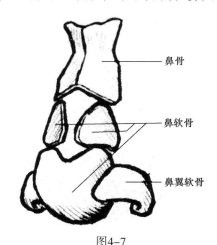

鼻骨

鼻软骨

鼻翼软骨

图4-7

2.鼻子的画法

由于人体头部的运动姿态不同，鼻子的表现也有所不同，常画的三种角度为正面、2/3侧面、全侧面。

（1）正面鼻子的绘画步骤（图4-8）：

①先画两条辅助线；

②确定两侧鼻翼的宽度和鼻梁的高度；

③画出箱形的鼻梁，顺着角度将鼻翼画圆顺；

④勾画出鼻底和鼻孔外形；

⑤润色，去除辅助线。

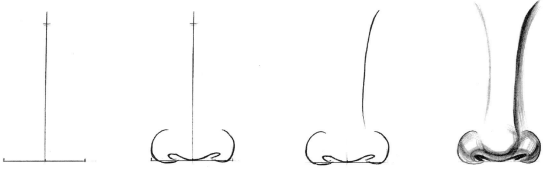

图4-8

（2）2/3侧面鼻子的绘画步骤（图4-9）：

①先画出辅助线，注意辅助线的倾斜角度；

②确定两侧鼻翼的宽度和鼻梁的高度；

③用圆顺的线条画出鼻梁和鼻翼外形；

④勾画出鼻底和鼻孔外形；

⑤润色，去除辅助线。

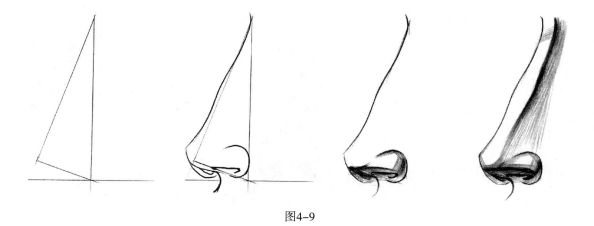

图4-9

（3）全侧面鼻子的绘画步骤（图4-10）：

①先画辅助线，注意辅助线倾斜角度的变化；

②确定两侧鼻翼的宽度和鼻梁的高度；

③表现鼻头、鼻翼、鼻孔的外形；

④润色，去除辅助线。

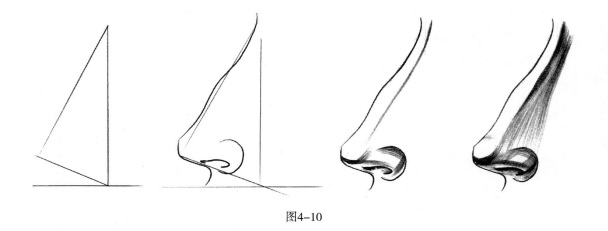

图4-10

3.鼻子的特征

女性鼻头、鼻翼较为小巧，线条圆润，转折顺缓；男性鼻子比女性鼻子显得更大一些，鼻梁骨1/2处隆起，线条方直；儿童鼻头、鼻翼小巧，鼻梁比成年人要短，内凹明显，线条圆润。

4. 常见鼻子范图（图4-11、图4-12）

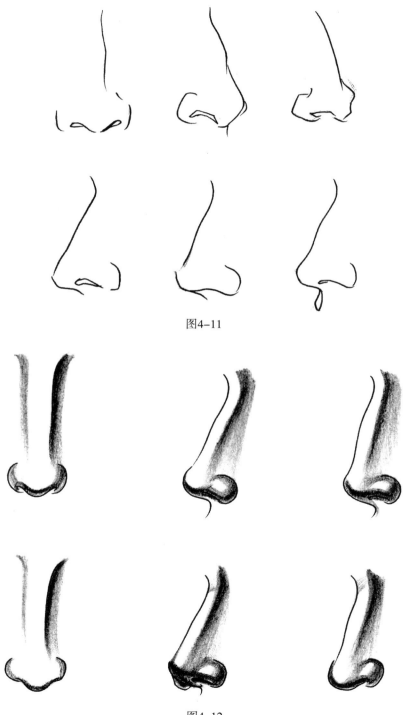

图4-11

图4-12

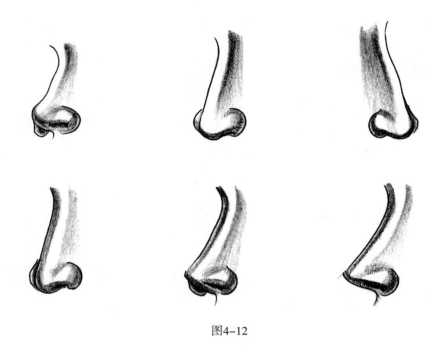

图4-12

（三）嘴的表现

1. 嘴的结构

嘴由上唇、下唇、上唇结节、嘴角、人中、唇侧沟、颏唇沟组成（图4-13）。上唇结构和嘴角是嘴的主要特征。嘴角上翘给人以快乐的感觉。

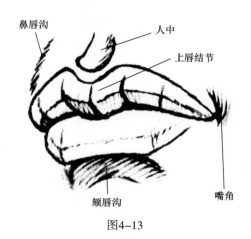

图4-13

2. 嘴的画法

由于人体头部的运动姿态不同，嘴的表现也有所不同，常画的三种角度为正面、2/3侧面、全侧面。

（1）正面嘴的绘画步骤（图4-14）：

①画一条水平线确定嘴的长度，为两嘴角的连线；

②画一条垂直平分线来确定上、下唇的厚度，下唇比上唇厚；

③画出山形的上、下唇，注意人中、上唇结节、颏唇沟要处于同一垂直线上；

④将上、下唇的轮廓线画圆顺；

⑤润色，表现出唇的明暗关系。

图4-14

（2）2/3侧面嘴的绘画步骤（图4-15）：

①画一条水平线，确定嘴长；

②2/3侧面嘴以2：3的比例分配；

③画出山形的上、下唇，注意人中，上唇结节、颏唇沟要同时穿过2/3处垂直线；

④将上、下唇的轮廓线画圆顺；

⑤润色，表现出唇的明暗关系。

图4-15

（3）全侧面嘴的绘画步骤（图4-16）：

①画一条水平线，确定嘴长，为正面嘴长的一半；

②画出上、下唇的辅助线，注意辅助线的倾斜角度；

③画出山形的上、下唇，注意上唇要比下唇突出；

④将上、下唇的轮廓线画圆顺；

⑤润色，表现出嘴的明暗关系。

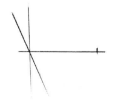

图4-16

3. 嘴的特征

女性的嘴唇丰满圆润，常常涂有不同颜色的唇膏；男性嘴唇偏宽，线条较方直，周围可画些胡子，用来强调男性特征；儿童嘴唇小巧可爱，线条圆润。

4. 常见嘴部范图（图4-17、图4-18）

图4-17

图4-18

（四）耳朵的表现

1.耳朵的结构

耳朵由外耳轮、对耳轮、耳垂、耳屏和对耳屏组成（图4-19）。耳朵的大体轮廓像一个"C"字，上端较宽。耳朵在服装素描中通常表现得十分简练、概括，在表现时要多注意耳的位置和结构比例。

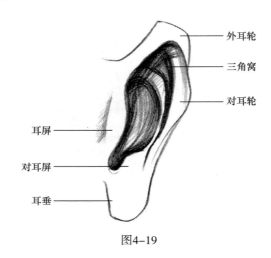

外耳轮

三角窝

对耳轮

耳屏

对耳屏

耳垂

图4-19

2.耳朵的画法

由于人体头部的运动姿态不同，耳朵的表现也有所不同，常画的三种角度为正面、2/3侧面、全侧面。

（1）正面耳朵的绘画步骤（图4-20）：

①先画一个长宽比例为3:1的长方形，并且分割为六等份；

②画出外耳轮、耳垂和耳屏的轮廓线，注意结构的变化；

③画出对耳轮、对耳屏的结构，注意其结构的穿插变化；

④用流畅、肯定的线条强调结构的准确性。

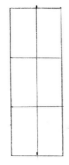

图4-20

（2）2/3侧面耳朵的绘画步骤（图4-21）：

①先画一个长宽比例3：1.5的长方形，并且分割为六等份；

②画出外耳轮、耳垂、耳屏的轮廓线，注意其结构的变化；

③画出对耳轮、对耳屏的结构，注意其结构的穿插变化；

④用流畅、肯定的线条强调结构的准确性。

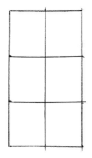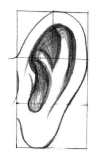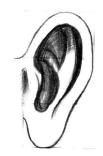

图4-21

（3）全侧面耳朵的绘画步骤（图4-22）：

①先画一个长宽比例为3：2的长方形，并且分割为六等份；

②画出外耳轮、耳垂、耳屏的轮廓线，注意结构的变化；

③画出对耳轮、对耳屏的结构，注意其结构的穿插变化；

④用流畅的线条强调结构的准确性。

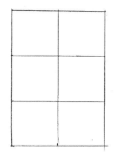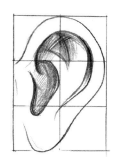

图4-22

3.耳朵的特征

女性的耳朵轮廓线条流畅圆润；男性耳朵较大，线条方直硬朗；儿童耳朵小巧，线条圆润。

4.常见耳朵范图（图4-23、图4-24）

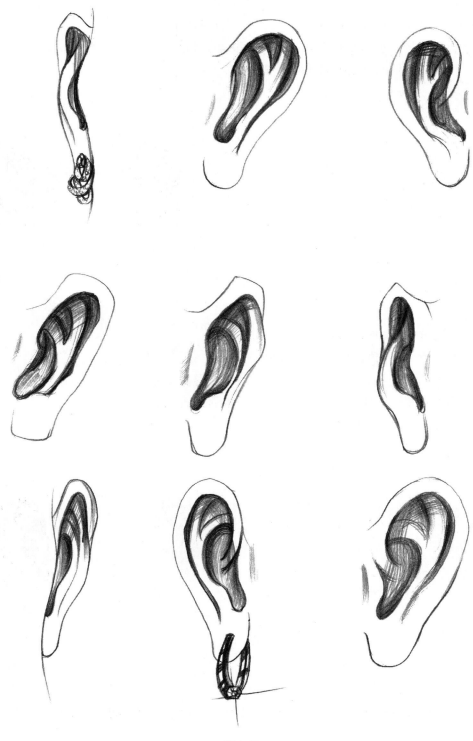

图4-23

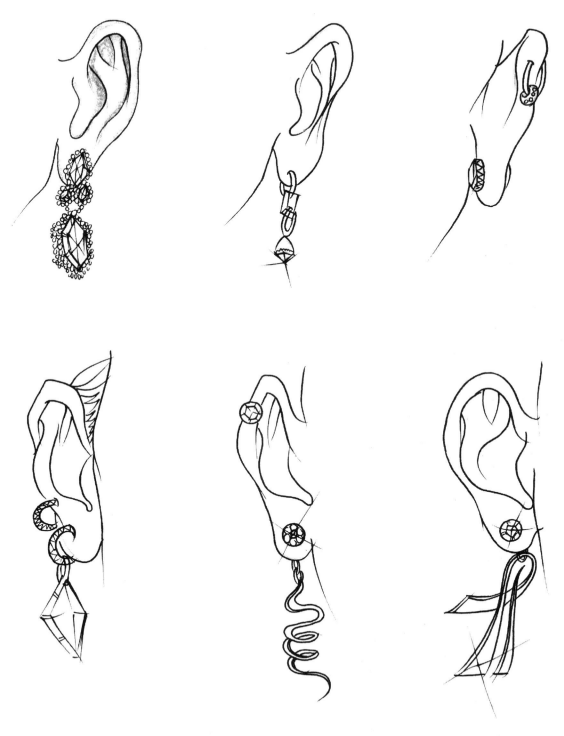

图4-24

二、头型的表现

1. 头部的结构

头部是由骨骼和肌肉组成的，头的正面似一个蛋形，侧面似一竖、一横两个蛋形的组合体。要画好人的头型需要对头部结构及比例进行深入的研究。

2. 头部的比例

头部的眼、眉、鼻、嘴、耳为五官，通常用"三停五眼"分配法来安排它们在头部的位置（图4-25）。从发际线至眉线为上停；从眉线至鼻底线为中停；从鼻底线至下颌底线为下停。在一般情况下，这三个部分的长度是相等的。将两耳内侧到眼角连线进行五等分，因等分线的长度与眼睛的长度相等，因此它们被称为"五眼"。在服装素描表现中，我们常常把外眼角向外侧稍放出一些，使眼睛的长度比"五眼"比例的眼睛宽度稍宽一些，这样表现出的眼睛更加唯美而生动。

当头处于侧面角度时，五官的位置会产生透视变化，头向左或向右转动时，"三停"会向转动的方向逐渐变窄，"五眼"也会向转动的方向逐渐变短；头上仰时，"三停"会向上方逐渐变短；低头时，"三停"会向下方逐渐变短。

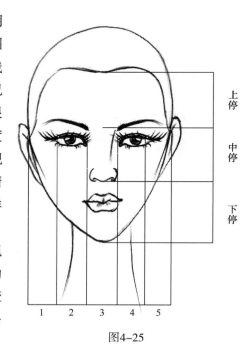

图4-25

3. 常用头型的画法

由于人体头部的运动姿态不同，头型的表现也有所不同，常画的三种角度为正面、2/3侧面、全侧面。

（1）正面平视头型绘画步骤（图4-26）：

①在画纸上画出长宽比例为5∶3的方格，并分割为八等份，标记出头顶线、发际线、眉线、鼻底线、下颌底线；

②根据头部轮廓外形特点勾勒出头型；

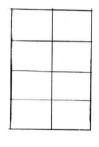 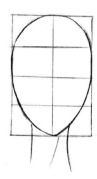 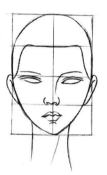 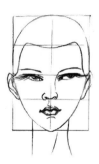

图4-26

③根据"三停五眼"的透视原理，表现出五官。在服装素描中，为了美化脸部形象，我们会把眉画在眉线的上方一点，以加长鼻梁的美感；

④画阴影，强调明暗关系，加强眼睛和嘴的美感。

（2）2/3侧面头型的绘画步骤（图4-27）：

①在画纸上画出长宽比例为5：3.5的方格，并分割为八等份；

②根据头部外形特点，勾勒出头型，注意面部中心线为弧线，面部左右不均等；

③根据绘画透视原理，表现出五官；

④画阴影，强调明暗和眼睛、嘴的美感。

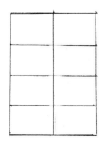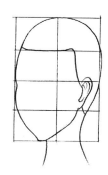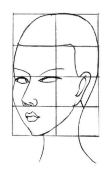

图4-27

（3）全侧面头型绘画步骤（图4-28）：

①在画纸上画出长宽比例5：4的方格，分割为八等份；

②勾勒出头型轮廓；

③画出五官、注意耳朵的位置在人物头部的1/2处；

④画阴影，刻画眼睛和嘴。

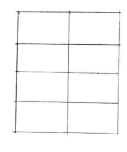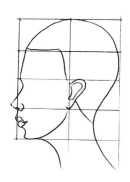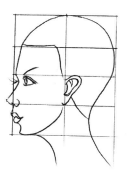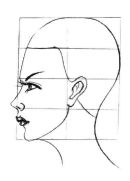

图4-28

4. 头型的特征

女性头型轮廓线圆润，骨骼突出不明显、下颌骨较尖；男性头型轮廓线平直，前额较宽，下颌较方；儿童头型轮廓圆润，两腮圆鼓、下颌骨较圆。

5. **不同角度头型的表现**（图4-29）

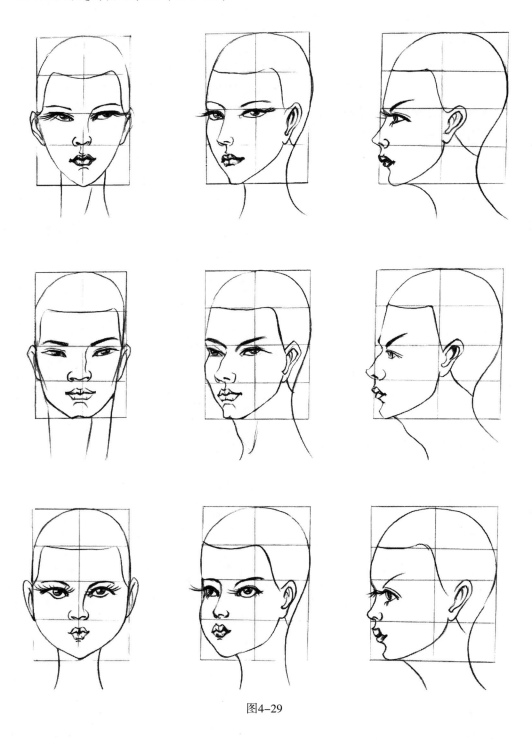

图4-29

三、发型的表现

在服装素描中，发型也是至关重要的，它是服饰美的重要因素之一。不同的脸型，应搭配不同的发型。发型的表现要根据每个人的具体脸型、颈部的长短、内在的气质及服装的造型效果来决定，使脸型、发型和服装三者形成一个有机的、美的整体。

许多学生五官表现得很好，就是头发乱而草率。画头发时要用线描方法表现，要根据头发的造型和方向将头发分成发组，先分大发组再分小发组，由发根向发梢用线。在分组时要注意头发的穿插、疏密、层次关系。在刻画阶段要注意对前额、两鬓角和发梢的头发进行细节表现。

1. 发型的线描绘画步骤（图4-30）：

①先轻轻勾勒出发型的大轮廓；

②根据头发的走向分组表现，先分大发组；

③然后在大发组中分出小发组，注意用线的虚实、头发的疏密及穿插关系；

④刻画前额、两鬓角、发梢的头发细节；

⑤整体调整，深入表现。

图4-30

2. 不同发型的表现（图4-31～图4-35）

图4-31

图4-32

图4-33

图4-34

图4-35

第二节　手与手臂的表现

　　"画人难画手"，手是人体中关节最多、最为灵活的部位，在服装素描中，手的表现既要简洁概括，又要突出其美感，在表现过程中要注重手的结构、比例和姿态的表现，而不必去刻画过多的表面细节。

一、手的结构

　　手由腕、掌和指组成（图4-36）。掌骨五根，从腕骨向外放射性地生长。除大拇指为二节以外，其余均为三节，靠近掌骨的一节最长。手有两块最突出的肌肉，即拇指球和小拇指球。手腕外有两个骨点，分别是尺骨和桡骨末端突出的尺骨小头和桡骨大头。

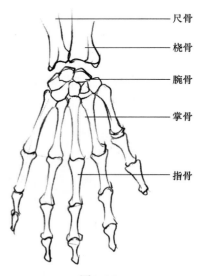

尺骨
桡骨
腕骨
掌骨
指骨

图4-36

二、手的比例

　　手的长度略小于1个头长，手指中指的长度为手的一半，即手指与手掌的长度相同，服装素描通常将女性手指的长度稍加夸张，这样会使手指显得纤细而优雅。

三、手的画法

　　手的表现一般采取的是概括手法，先用较轻的线条画出手的大轮廓型，再画出小的细节，最后用精确的线条画出准确的造型。如果需要刻画手的话，我们可以选择食指和小拇指进行刻画（图4-37）。

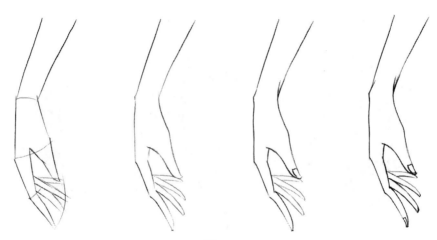

图4-37

四、常见手型的表现

　　人的姿态非常丰富，要画好手有一定难度，但在服装素描中有一些手型使用得十分频繁，我们可以把这些常见的手型用记忆默写的形式背下来，以后在服装绘画中只要有合适的角度，我们就可以把背下来的手型直接"装"上去，画面的整体效果会保持得很理想（图4-38~图4-42）。

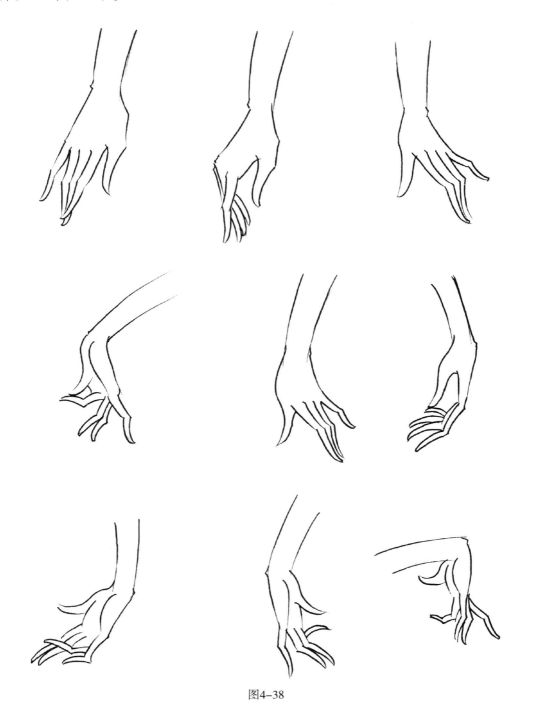

图4-38

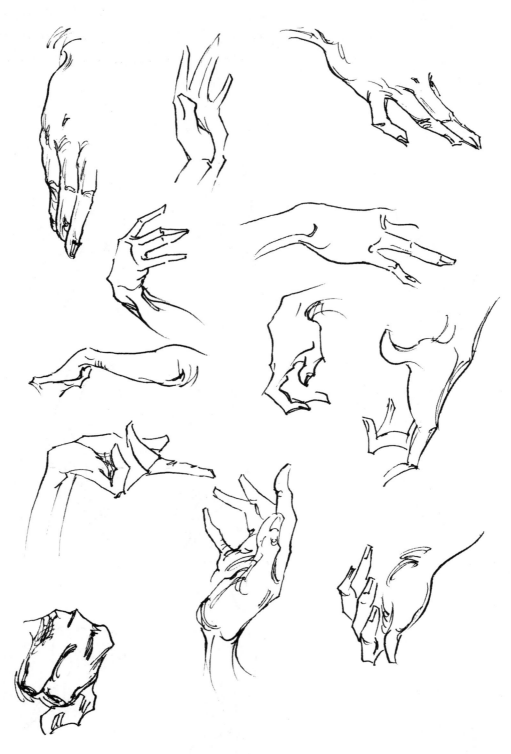

图4-39

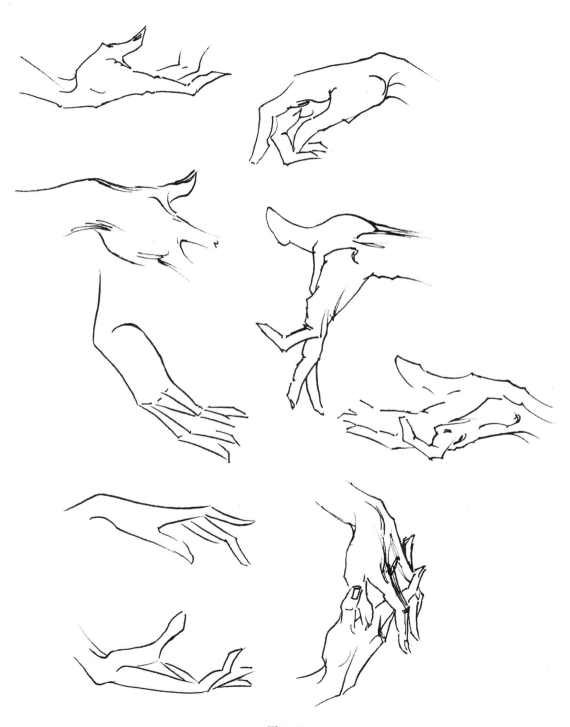

图4-40

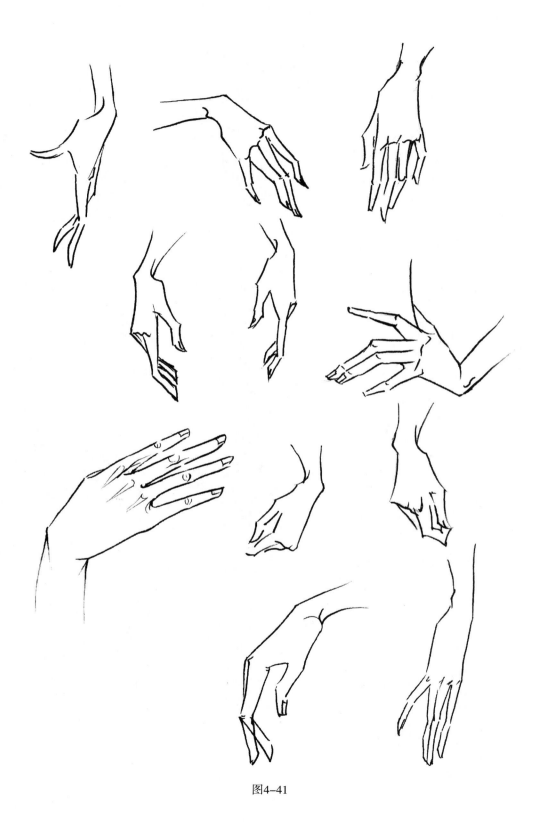

图4-41

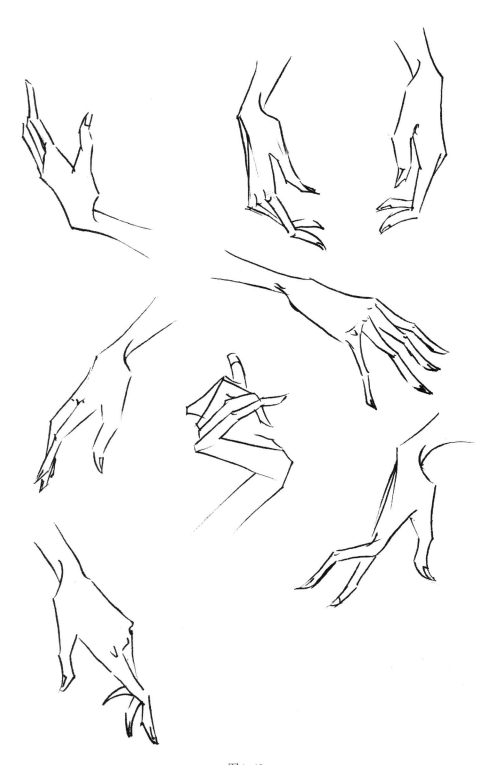

图4-42

五、常见手臂的表现

女性手臂纤细、修长，柔美且富有弹性，表面较平滑，各关节骨骼显露，肌腱不明显。男性的手臂应画得粗壮一些，线条要有力度，方直而硬挺，骨节明显一些，肌肉有块状感。多花些时间把这些常见的手臂记忆并默写下来，这对后期的学习十分有帮助（图4-43、图4-44）。

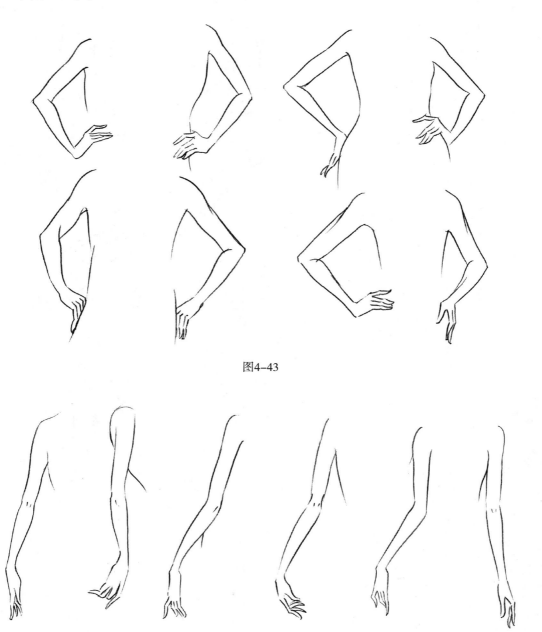

图4-43

图4-44

第三节　脚与腿的表现

　　脚是人体站立和各种动作的支撑点，脚的正确描绘有助于加强站姿的稳立感。脚的动态表现又能加强人体姿态轻松、活泼的生动感。要注意对脚与小腿连接点足踝骨结构及外形的表现，足踝骨骼较为复杂，站立时骨骼突出状况是内侧比外侧高。同时还要注意脚的位置、角度与人物姿态重心要一致。女性脚纤细，男性脚厚实。

　　在服装素描表现中，通常表现穿鞋的脚居多。因此，要注意脚与鞋的内在结构和关系，以求画得生动形象。掌握了画赤脚的方法后，画穿鞋的脚就容易多了。

一、脚的结构

　　脚由四部分组成，即踝部、脚跟、脚背、脚趾。脚骨分四部分，即跗骨、距骨、趾骨和跟骨（图4-45）。

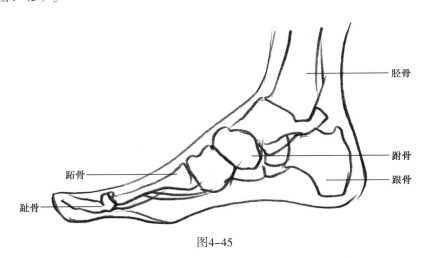

图4-45

二、脚的比例

　　脚的长度为1个头长，由于透视关系，从正面看脚的长度会缩短一些，为2/3头长。

三、脚的画法

　　一般先用较淡的线条画出脚的外轮廓型，注意脚踝部位的造型，内侧踝骨比外侧踝骨要略高些。脚背内侧线较直，外侧线较曲。然后画脚趾的细节部位，最后用精确肯定的线条画出准确的造型（图4-46）。

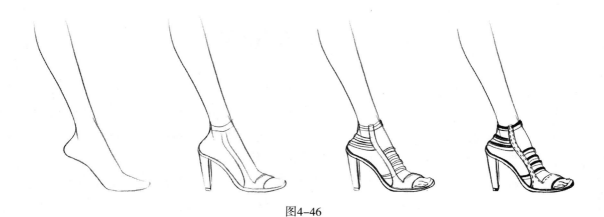

图4-46

四、常见脚型的表现

　　服装素描表现中，常见的脚型一般为穿鞋的脚，可按观察角度区分为正面双足着地、正面单足着地、斜侧面双足着地、全侧面双足着地等脚部造型。熟记这些常见脚部造型对我们绘画服装人体十分有益（图4-47~图4-51）。

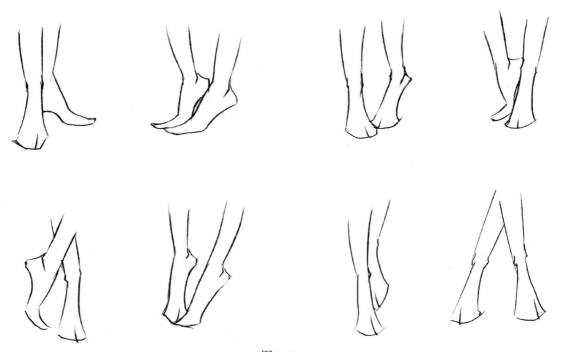

图4-47

图4-48

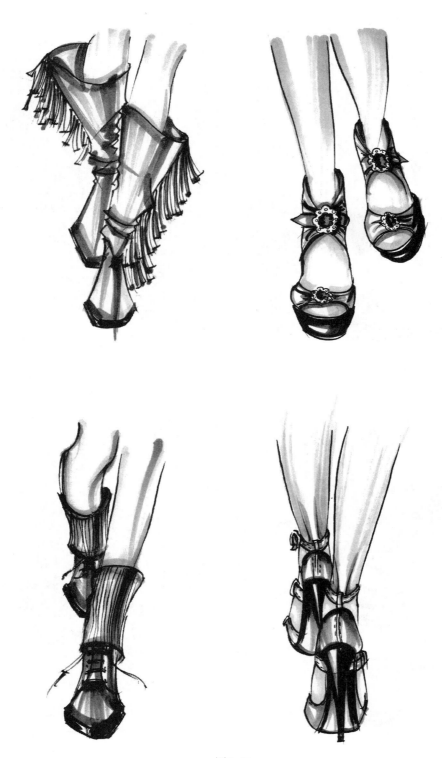

图4-49

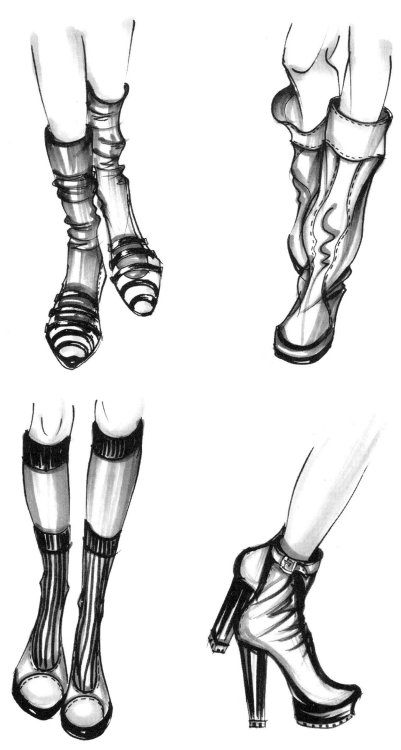

图4-50

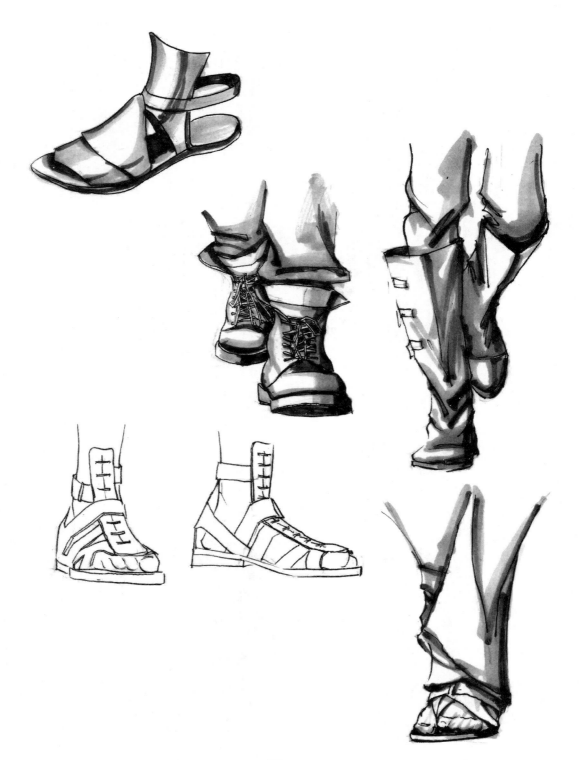

图4-51

五、常见腿部的表现

表现女性腿部时线条应柔顺,造型优美修长,骨骼应是柔韧的,肌肉则含蓄表现。而男性腿部的表现应画出力量感,线条平直,表现出强健的肌肉感(图4-52~图4-56)。

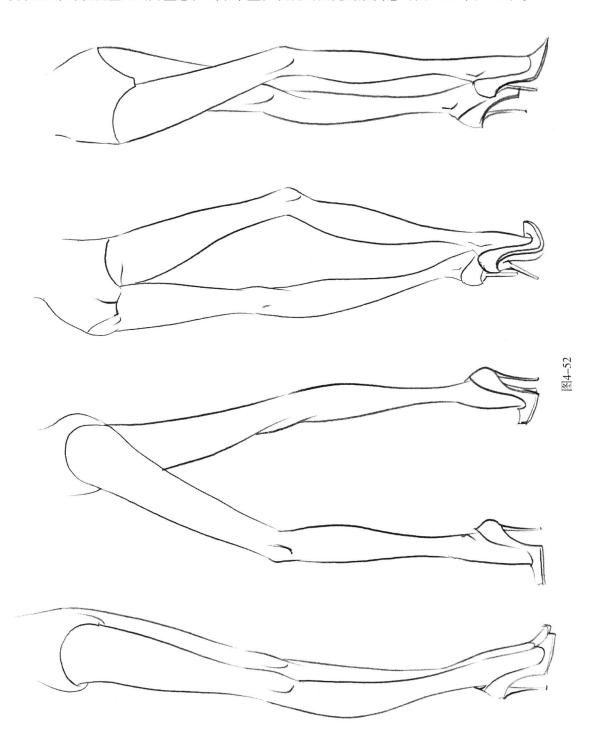

图4-52

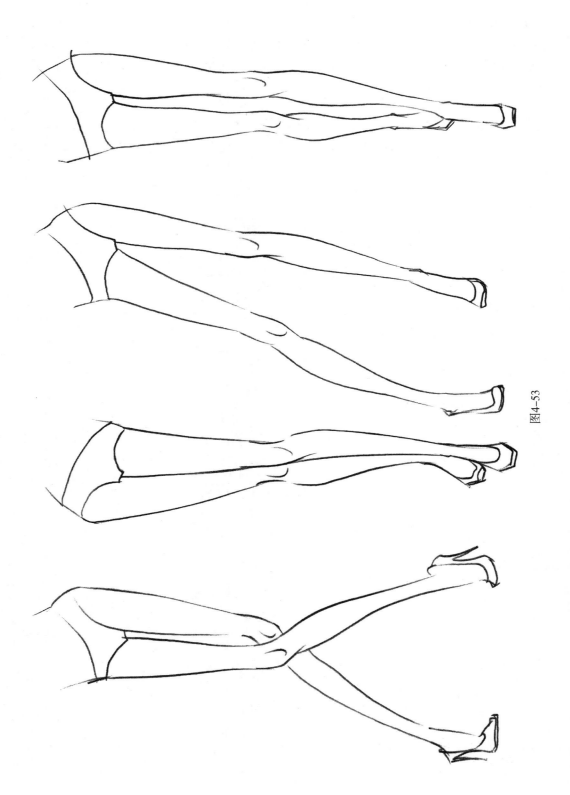

图4-53

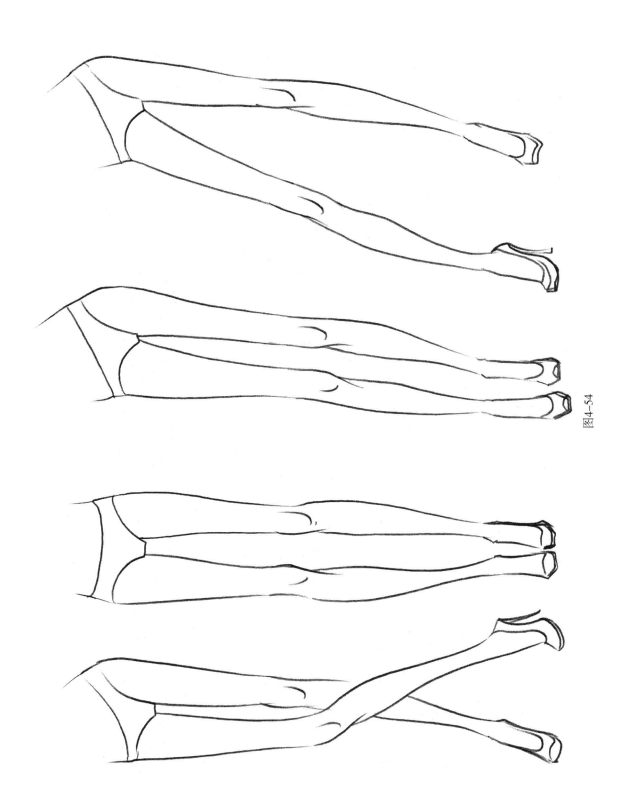

图4-54

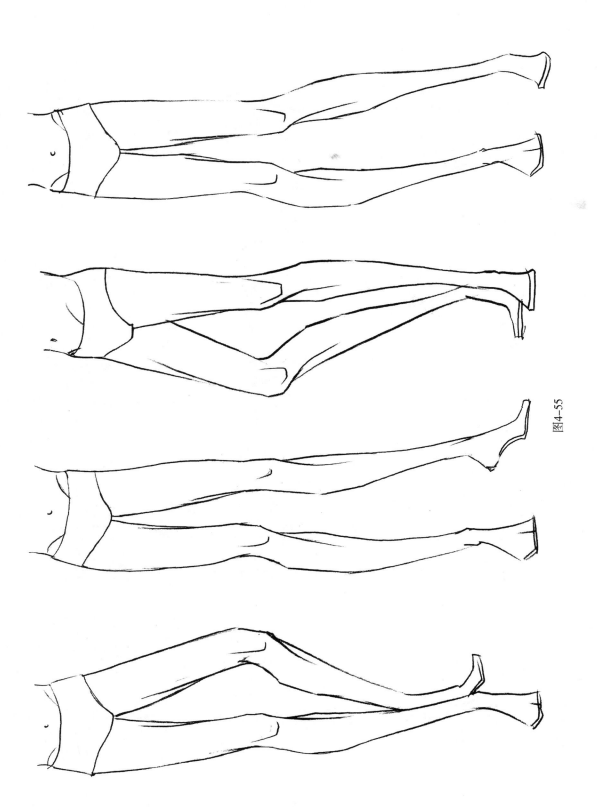

图4-55

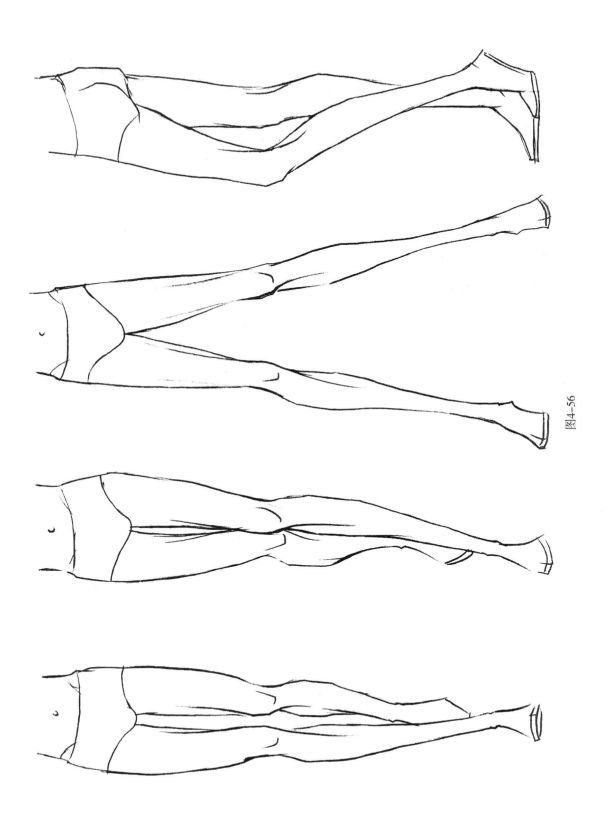

图4-56

第四节　服装人体的表现

　　我们通过简体、关系体和头、手、脚的学习后，已经基本掌握了它们的描绘方法。但是简体、关系体并非服装人体的完整形式，我们把被断开的关系体各"部件"连接起来，加上头、手、脚的细节，就构成了完整的服装人体形式。

　　服装人体的描绘步骤与关系体基本相同，头、手、脚的细节最后刻画，当然，如果你有能力从细节画到整体也是可以的。

一、服装人体的表现步骤（图4-57~图4-62）

　　（1）首先画出头和颈部，按照设计的人体动态姿势，画出肩线、腰线的位置，再从胸锁窝画出人体动态线（脊柱线），根据动态线的规律画出髋线。

　　（2）用流畅的曲线画出胸腔和盆腔的轮廓，表现出双乳，注意两侧乳头的高低位置变化。

　　（3）画出左侧受力腿，注意腿部曲线的优美。

　　（4）画出右侧腿部，注意双脚的互相呼应关系。

　　（5）根据上肢和手的比例特征及姿态，完成手臂和手的外形表现。

　　（6）完成人体细节的表现，主要针对头部细节的刻画。

图4-57

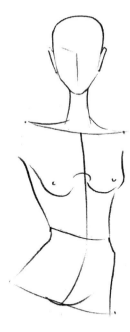

图4-58

图4-59

图4-60   图4-61

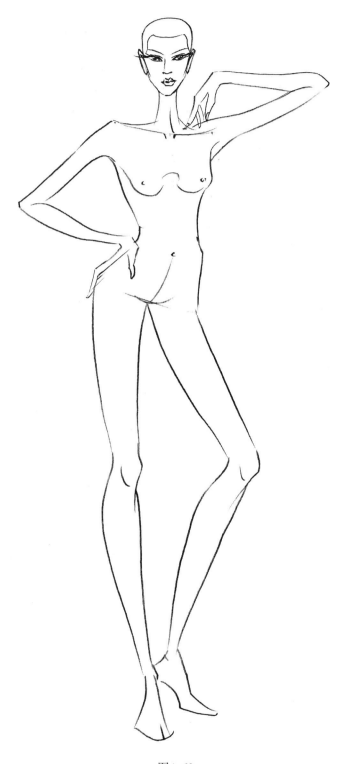

图4-62

二、常见服装人体姿态范图（图4-63~图4-92）

图4-63

图4-64

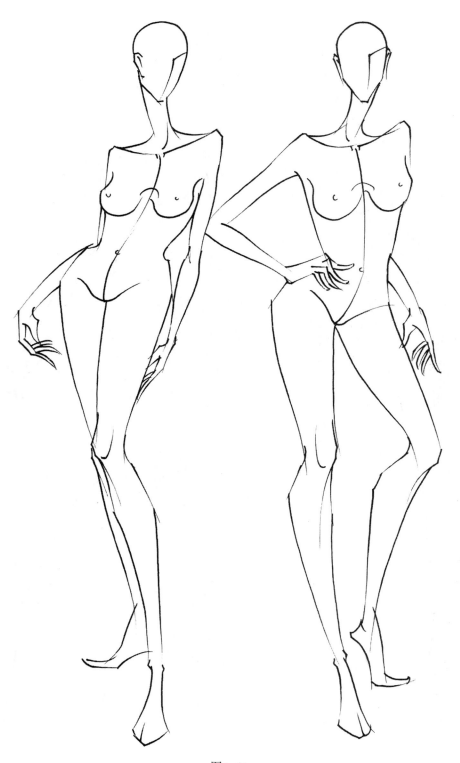

图4-65

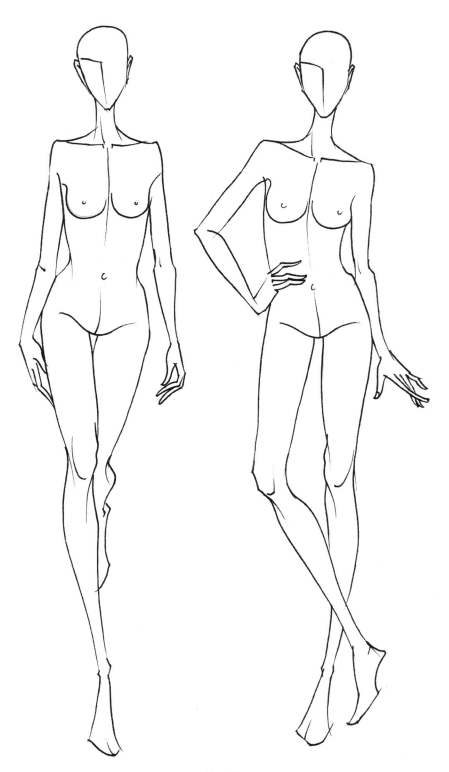

图4-66

图4-67

图4-68

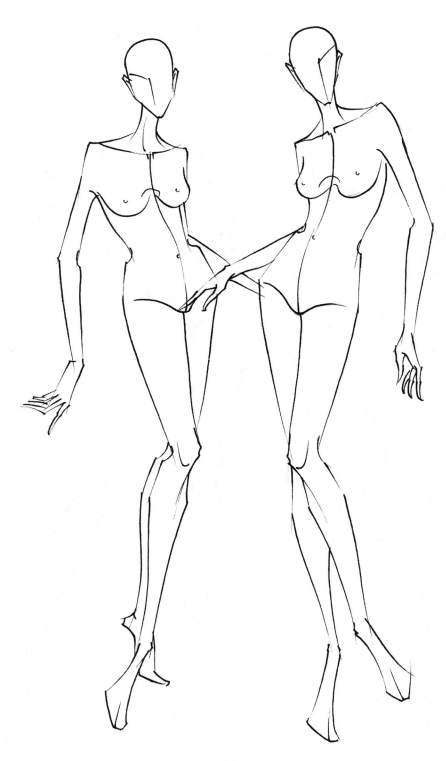

图4-69

图4-70

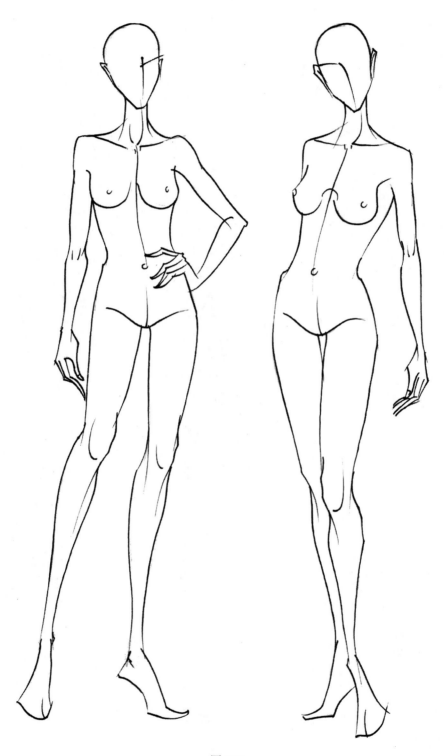

图4-71

图4-72

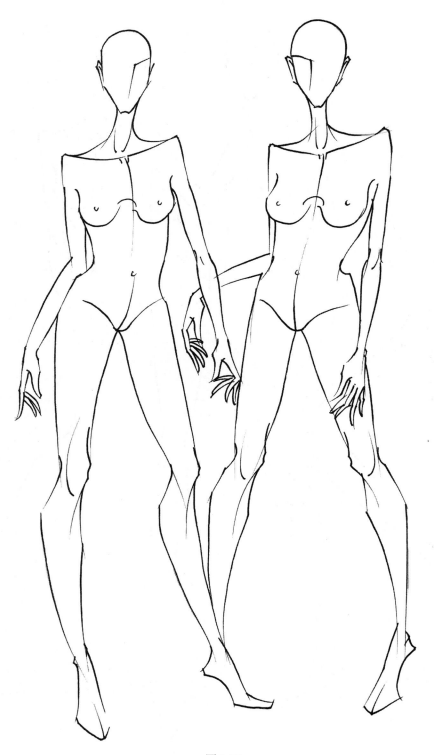

图4-73

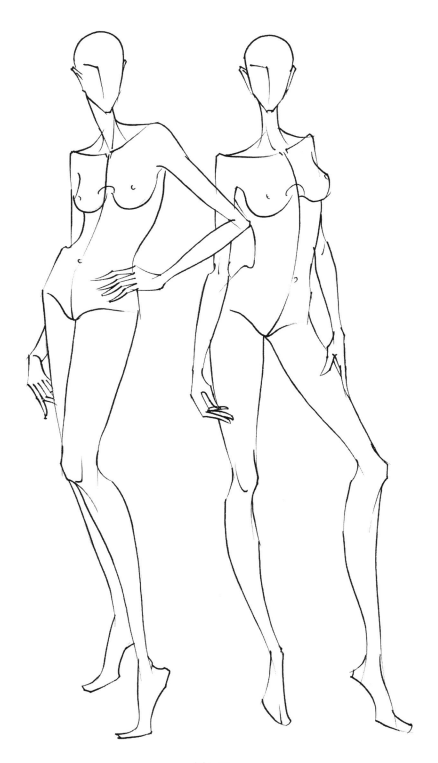

图4-74

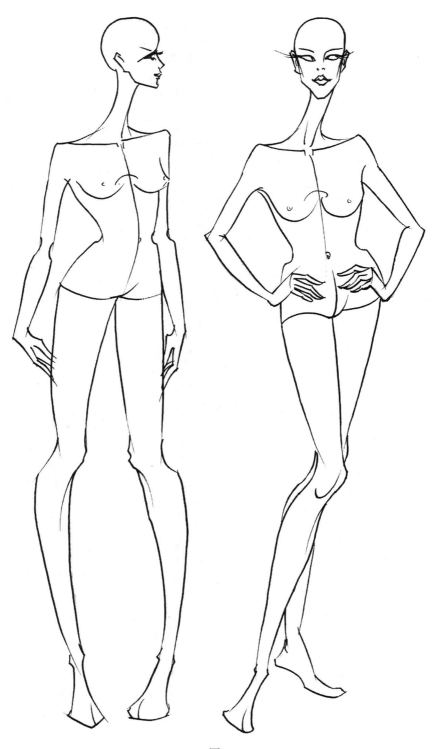

图4-75

图4-76

图4-77

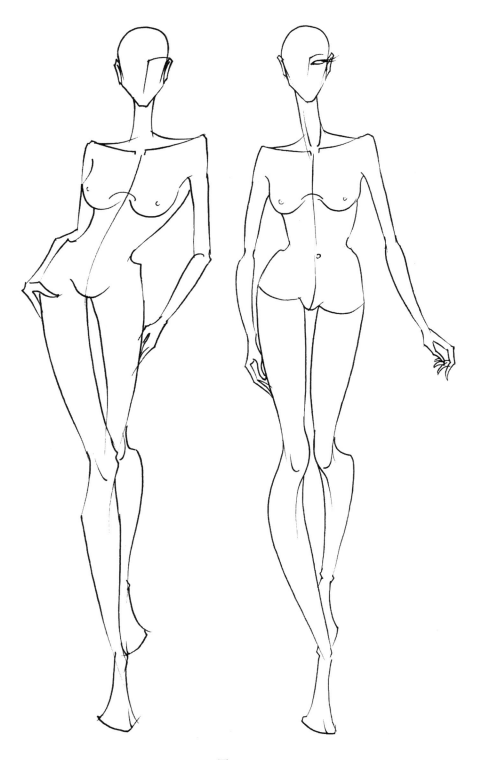

图4-78

图4-79

图4-80

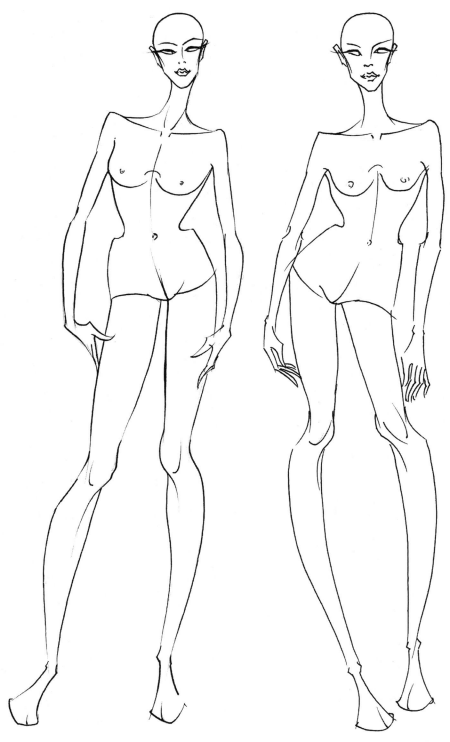

图4-81

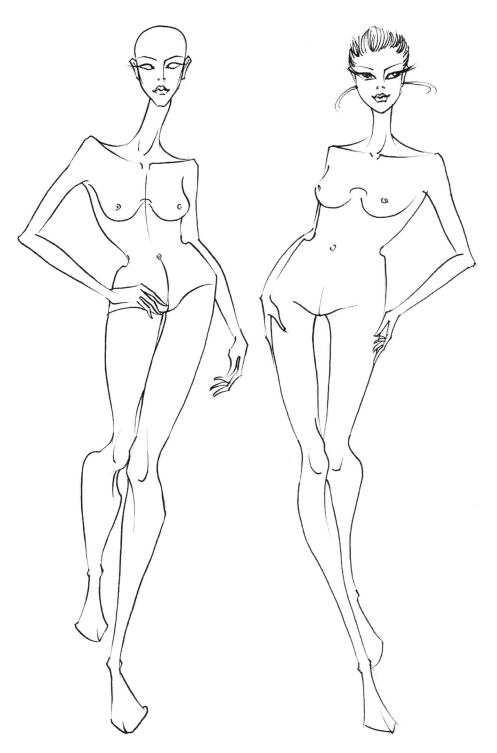

图4-82

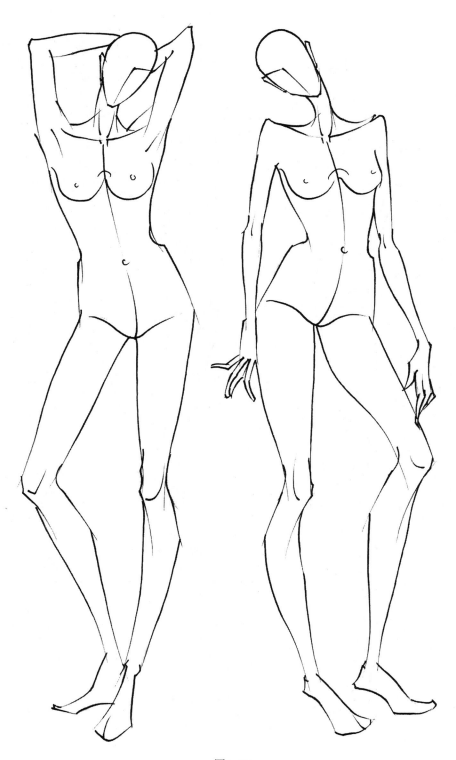

图4-83

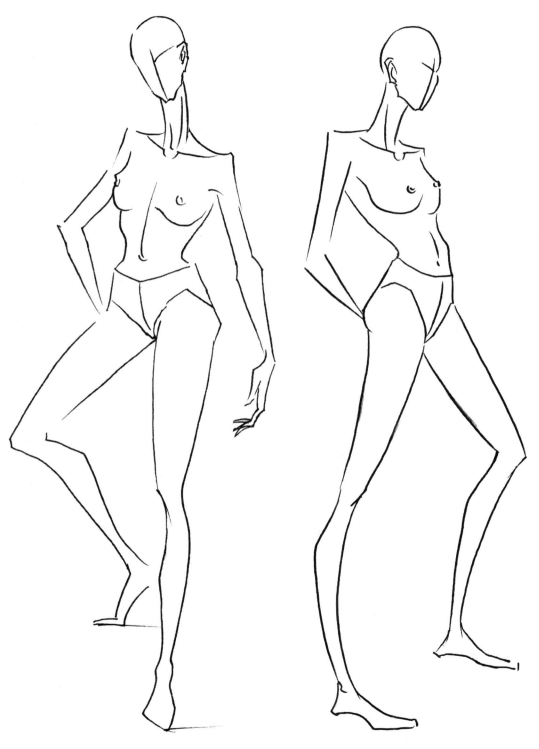

图4-84

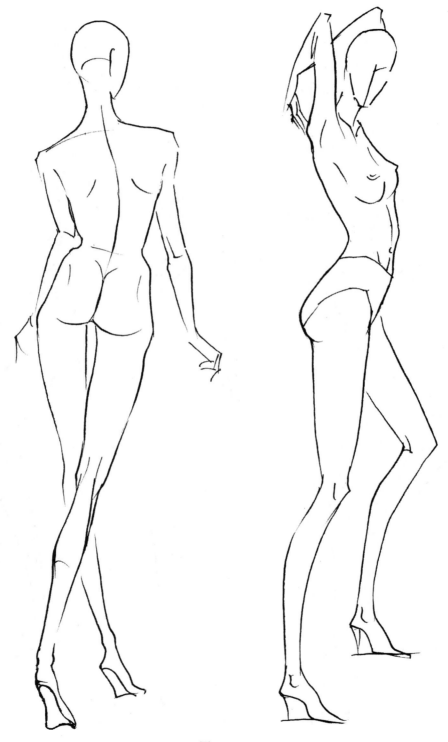

图4-85

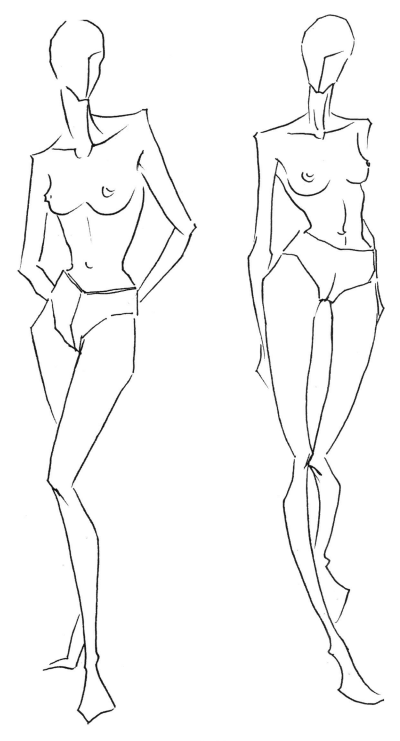

图4-86

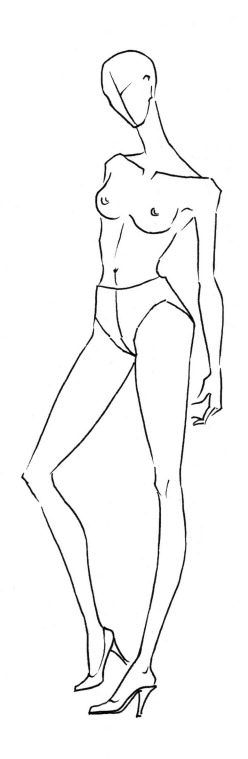

图4-87

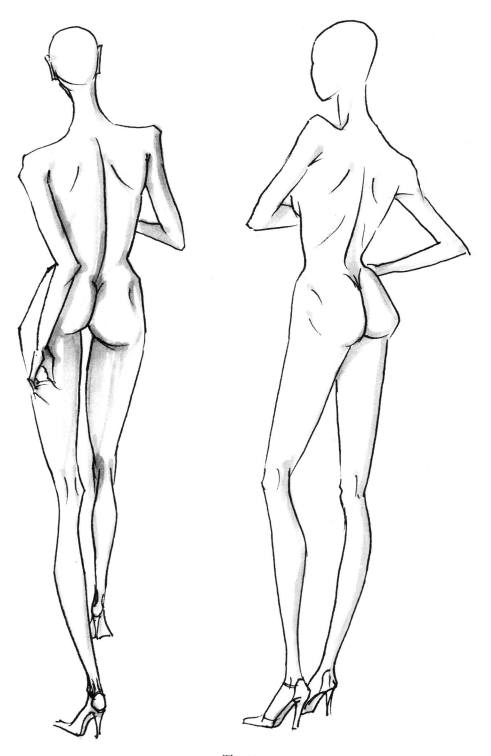

图4-88

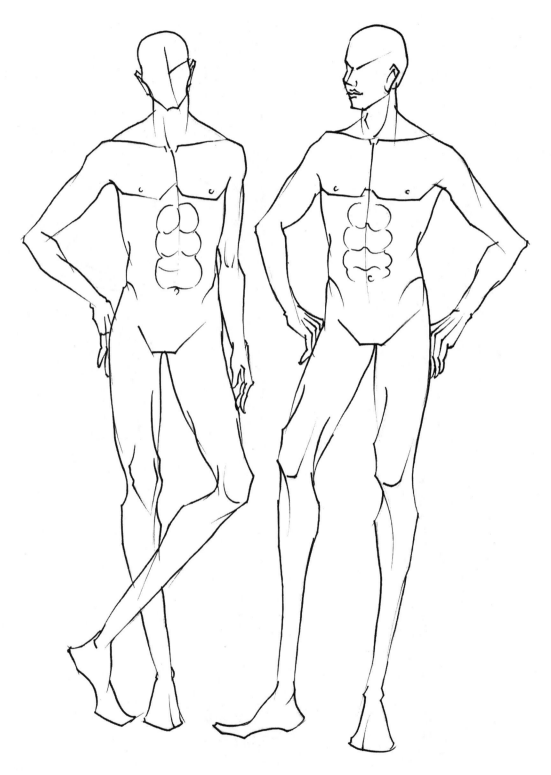

图4-89

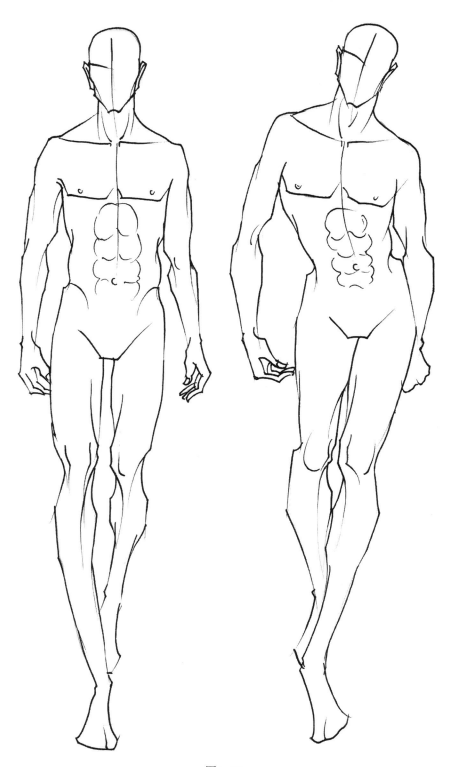

图4-90

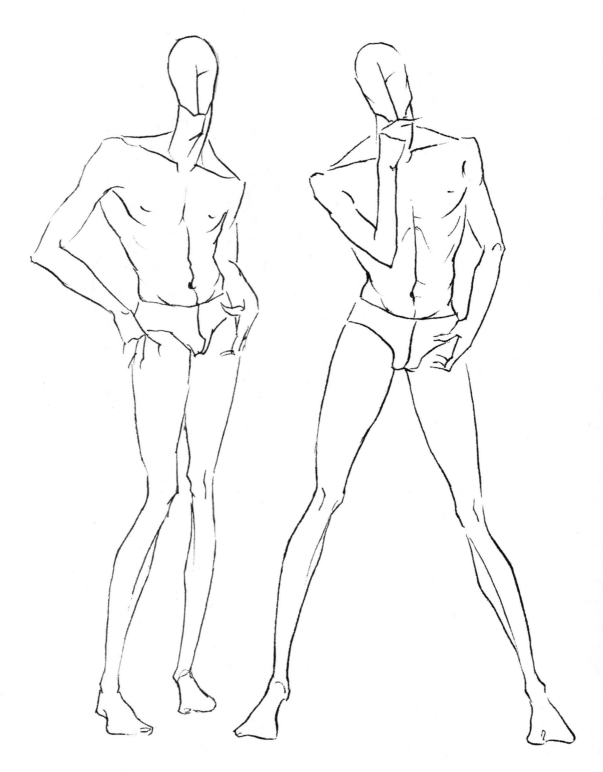

图4-91

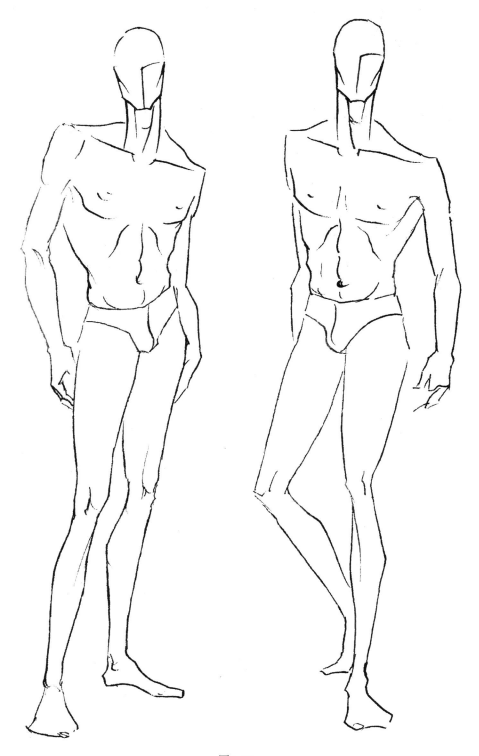

图4-92

思考题

1. 服装素描是如何把握人体面部五官比例特征的？

2. 发型的表现需要注意哪些技巧？

3. 表现手、脚时应注意的问题有哪些？

练习题

1. 成年男女、儿童头部五官的表现。

2. 头型、发型的表现。

3. 手与脚的表现。

要求：主要通过线条表现人物头部、手、脚等部位的结构以及表情特
征，可在一幅画面上进行多个头部、手、脚的表现。

第五章
着装人体的表现

课题名称：着装人体的表现

课题内容：1.服装细节的表现

2.着装人体的表现

课题时间：18课时

教学目的：本章要求学生通过对着装人体、服装衣纹的整体表现，来树立正确的观察方法与表现方法，学会着装人体的作画步骤，学会利用线条的粗细、疏密、刚柔、轻重描绘对象和表达美感。

教学方式：采用理论讲授、教师示范、探究法、分组讨论、小组合作学习等多种方式。

教学要求：教学场地配备多媒体教学设备、视频展示台。

课前准备：1.学生需要准备听课笔记本、画夹、铅笔、橡皮擦、直尺等工具。

2.教师准备相关内容挂图、示范绘画工具及教学课件等。

第一节 服装细节的表现

着装人体的表现是服装素描课程的重点内容，要表现好着装人体，应该着重对服装细节进行研究。可以说画好人体是表现好着装人体的前提条件，表现好服装细节则是画好着装人体的重要条件。人体着装后体现在服装上的细节很多，上装的表现重点有领子、袖子、门襟；下装的表现重点有裤子、裙子；此外衣纹衣褶也是服装细节的表现重点。通过对以上服装细节的造型表现，我们可以了解和掌握上装与下装、衣纹衣褶表现的基本方法，掌握服装细节服从于整体、整体中又有细节的服装设计原理。

一、衣领的表现

衣领是人的视觉中心，根据领子的结构特征，可以分为立领、翻领、翻驳领和领线四种基本类型。在上衣表现中领的表现是关键，因为领接近人的头部，具有衬托脸部的效果。画衣领时应该注意领圈的中心线，通过中心线的位置可以把握衣领的透视关系，当人体处于斜侧面或全侧面角度时，利用中心线可以准确地画出衣领的位置（图5-1~图5-4）。

图5-1

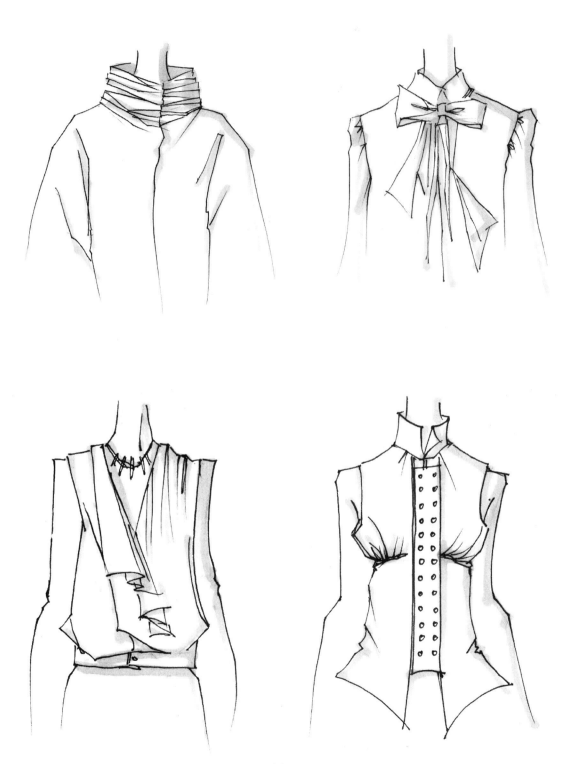

图5-2

图5-3

图5-4

二、门襟的表现

门襟是上衣前胸部位的开口，它不仅使上衣穿脱方便，而且又是上衣重要的装饰部位，根据门襟的宽度和门襟扣子的排列特征，可分为单排扣门襟和双排扣门襟（图5-5~图5-7）。

图5-5

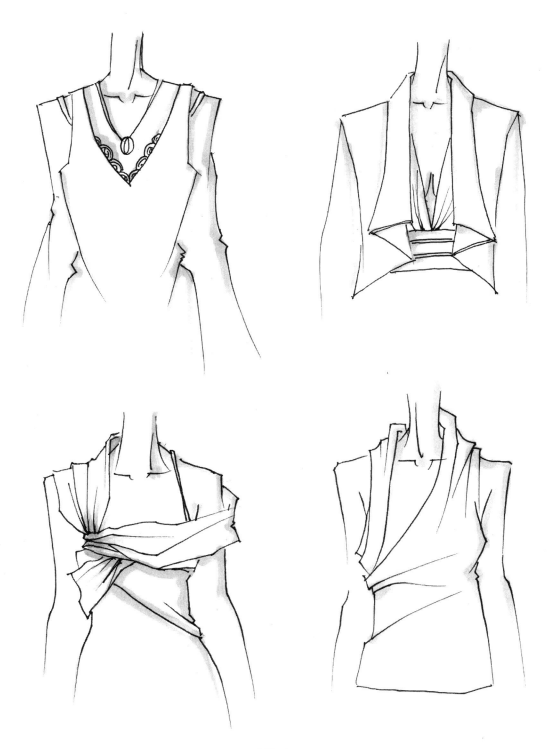

图5-6

图5-7

三、衣袖的表现

衣袖的表现主要体现在袖山、袖窿、袖口与袖型的长短、肥瘦的变化上（图5-8）。袖的表现应注意以下几点。

（1）袖的造型要适合服装的功能要求。

（2）袖身造型应与服装整体相协调。

（3）表现衣袖时应注意褶皱的表现，尤其是位于肘关节处的褶皱。

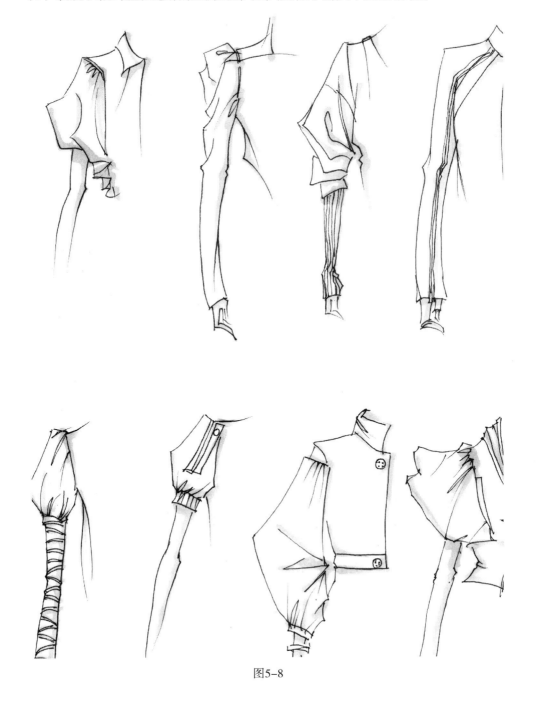

图5-8

四、裤子的表现

服装下装表现的重点有裤子和裙子，裤子的造型非常丰富，按照裤子的大体外观造型可分为宽松型、直筒型、紧身型、喇叭型等，对裤子进行表现时需注意人体动态对其的影响，特别是出现在臀部、腹股沟和膝关节处的衣纹衣褶的表现，应该根据裤子的造型区别对待。如宽松型裤子与人体间的余量较多，所以产生的褶皱较多且变化丰富；紧身型的裤子与人体贴合紧密，它的褶皱大多出现在大腿根部，表现为横向纹（图5-9）。

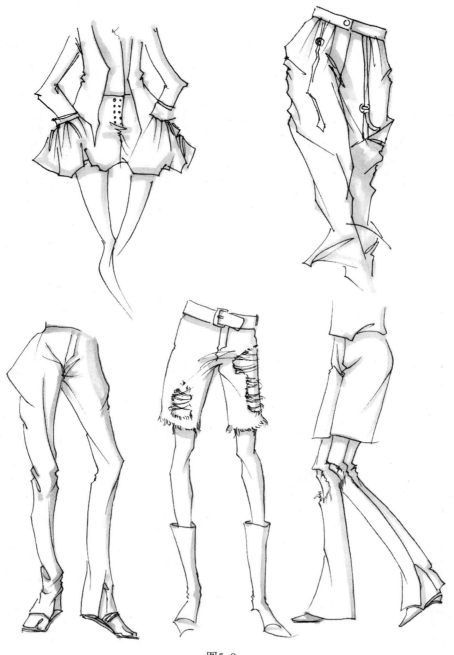

图5-9

五、裙子的表现

　　裙子是女性服装搭配中必不可少的下装，裙子的造型有直身裙、百褶裙、喇叭裙、鱼尾裙、A字裙等，裙腰有常规型、高腰型、低腰型、抽带型等款式造型。裙子穿着在人体身上体现出的整体外形是圆筒造型，在表现裙子时，首先应注重裙子的整体造型，先画出裙子的大形，然后表现裙子的细节设计。人体的臀部与腿部的姿态会使裙子产生褶皱，对裙子进行表现时要注意人体与裙子的贴合关系，通过线条力求表现出裙子的面料质感，如薄纱面料的飘逸感，中厚型面料的厚实感等（图5-10）。

图5-10

六、衣纹衣褶的表现

所谓衣纹就是指着装人体由于运动而引起的衣服表面的衣褶变化，这些变化直接反映着人体各部位的形体及其运动幅度的大小。

着装人体一般会产生两种衣纹，一种是服装款式所固有的衣纹，如捏褶、省道、荷叶边、蝙蝠袖等，这种衣纹通常较为稳定，它们有较明确的形和方向，表现这类衣纹时，要先抓住其大形和方向，再描绘细节；另一种是由于人体的运动致使衣服的某些部分出现了余量，这些多余的部分堆积起来就产生了衣纹，前者多贴紧身体的某些部位，较为密集和明显，并有规律，而后者则出现在人体的胸、腰、臀部等起伏部位。

衣褶就是在服装工艺过程中，为了达到设计目的通过人为抽褶、折叠或用绳带收缩等方法形成的灵活多变或有规律的褶。在服装设计表现中，对于衣纹和衣褶的表现以简洁、概括为宗旨，力求从整体效果出发进行提炼和取舍。否则衣纹常会与衣服本身的结构相混淆，这一点是应引起重视的。在服装平面图表现中，几乎只有衣服的结构线、分割线、省道线，衣纹和衣褶常常被省略（图5-11~图5-14）。

图5-11

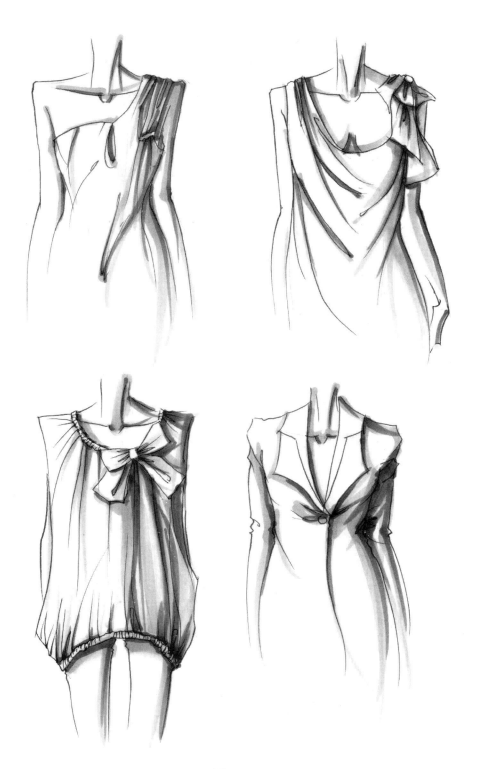

图5-12

图5-13

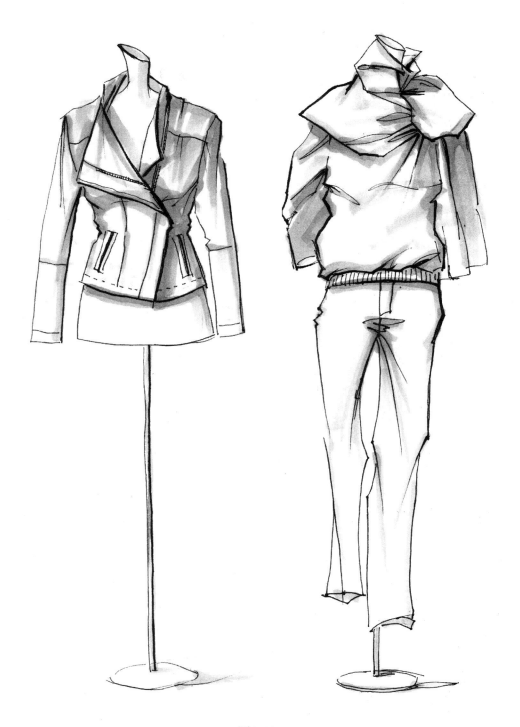

图5-14

第二节　着装人体的表现

一、服装造型与人体的关系

服装造型与人体的美是一个统一体，服装设计的奥秘就在于突出和夸张人体的优美特征，弥补人体上的某些不足之处，设计出时尚而流行的服装。成功的服装设计应该以人体作为潜在的视觉焦点。人体美是服装造型美的基础，服装美是人体美的彰显，二者是相辅相成的整体。

服装的美离不开人体，服装造型结合人体美的表现有着动人的诗意和特殊的魅力。然而，服装结合人体审美意识的表现，事实上并非完全指对人体的暴露，而是把人体当作概括化的视觉结构来讨论，描绘其着装前后的视觉变化特征。为此，服装造型应当在富有生命力的人体中寻找艺术设计的灵感。简言之，服装设计就是以完美的形式达到美化人类自身的目的。从某种意义上说，人体赋予服装以生命感，服装也以其特殊的魅力表达着无限丰富的人体美。总之，任何服装设计，脱离了人体美的造型就不是完美的服装设计，而人体就是服装造型的基础。

优美的服装造型离不开人体的衬托，人体对服装的美起了极其重要的作用。着装后形体之所以有其动人的魅力，根本原因就在于人体对视觉产生的那种独特的美感冲击，所以在研究服装的视觉效果前，我们应该充分掌握人体对于服装外形多样化所具有的潜在的视觉冲击力。

服装设计是以着装人体的形式表现服装的风格、造型、结构和细节的，因此，认识服装造型与人体的关系，便是我们描绘着装人体的前提条件。

二、着装人体的表现方法

着装人体就是在服装人体的基础上把设计的服装"穿"着到人体上，去展现服装的造型美感。在服装素描中常用的表现着装人体的方法有两种，一种方法是在描绘好的人体上直接画出服装款式，在画完服装后，用橡皮擦干净被衣服覆盖的人体部分，人体着装的步骤就完成了；另一种方法是拷贝法，拷贝法是一种快捷、方便的着装方法，它是用一张较薄的纸或硫酸纸（能透出下面的人体形状）覆盖在已完成的人体上，然后在这张纸上画出服装的款式。拷贝法对纸张有一定要求，纸张对着色的材料和工具也有一定的要求。

三、着装人体的描绘步骤（图5-15~图5-18）

（1）确定人体姿态：根据服装的风格和款式造型特点确定人体姿态，人体姿态可从自己设计的姿态中或临摹的优秀范图中获得。

（2）表现服装人体：根据服装人体的表现方法和步骤画出服装人体。

（3）确定服装大形：在理解人体与服装造型
关系的基础上，确定服装在人体上的形状及比例，
如O型、A型、X型或H型，上装与裙子、裤子的关
系等。

（4）表现具体的服装款式：在表现具体服装
款式时，应注意画出服装搭门的中心线和服装的中
心线，这两条线非常重要。因为我们可以通过这两
条线来确定服装左右部分的比例结构及透视关系。

（5）服装细节刻画：确定服装大形和服装款
式之后，再画领子、门襟、袖型、省道等。对服装
细节应进行深入地刻画，这也是画出最佳效果的关
键步骤。

（6）整体调整：在完成服装细节的表现后，
我们应该做最后检查，可以在离画面远些的位置，
观察调整画面，以达到完美的画面效果。

图5-15

图5-16

图5-17

图5-18

四、常见着装人体姿态范图（图5-19~图5-44）

图5-19

图5-20

图5-21

图5-22

图5-23

图5-24

图5-25

图5-26

图5-27

图5-28

图5-29

图5-30

图5-31

图5-32

图5-33

图5-34

图5-35

图5-36

图5-37

图5-38

图5-39

图5-40

图5-41

图5-42

图5-43

图5-44

思考题

　　1. 表现着装人体时有哪些技巧？

　　2. 服装细节包括哪些方面？

练习题

　　1. 服装人体表现10幅。

　　2. 着装人体表现10幅。

　　3. 服装细节表现10幅。

　　要求：以线造型，构图恰当、造型准确、用笔肯定。

基础理论及实践——

第六章

服饰品的表现

课题名称：服饰品的表现

课题内容：服饰品种类区分、各类服饰品的表现。

课题时间：6课时

教学目的：本章要求学生熟记各类服饰品的名称，掌握用线描的形式表现不同造型的服饰品，并且能达到用线描默写常见服饰品外形的程度。

教学方式：采用理论讲授、教师示范、探究法、分组讨论等多种方式。

教学要求：教学场地配备多媒体教学设备、视频展示台。

课前准备：1.学生需要准备听课笔记本、画夹、铅笔、橡皮擦、直尺等工具。

2.教师准备相关内容挂图、示范绘画工具及教学课件等。

一、服饰品的种类

1. 首饰

用于头、颈、手、胸上的饰品称为首饰。包括耳环、项链、面饰、头饰、鼻饰、腕饰、脚饰等。

2. 帽饰

凡戴在头上用于装饰或保护作用的物品都称为帽饰。

3. 箱饰

以实用为主的披、背、挂、提用的手袋、箱包等。

4. 其他饰品

包括领饰、腰饰、眼镜、伞、扇子等装饰用品。

二、首饰的画法

首饰的类别很多，造型各异，这给我们的描绘增加了难度，但在服装素描中对首饰品的表现不必过于精细，表现时要注意其结构造型的准确性（图6-1）。

图6-1

三、帽饰的画法

　　帽子是附加在头发上的装饰，因此在画帽饰时，一定要以头骨结构和头发造型为基准，体现头部的圆润与头发的蓬松。帽饰由帽身和帽檐两部分组成，无论帽型变化如何丰富，帽身部分都始终贴合人体头部结构（图6-2、图6-3）。

图6-2

图6-3

四、箱包的表现

不同造型、色彩、材料、装饰的箱包形成了其特有的服饰语言，与服装一起构成了一个整体，所以在表现箱包时要与服装的风格保持一致（图6-4、图6-5）。

图6-4

图6-5

五、其他饰品的表现（图6-6、图6-7）

图6-6

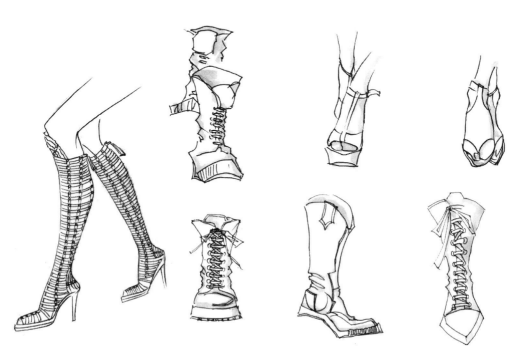

图6-7

思考题

搭配服装的服饰品包括哪些种类？

练习题

不同类型服饰品的表现各10幅。

要求：以线造型，构图恰当、造型准确、用笔肯定。

第七章
人体动态组合设计

课题名称：人体动态组合设计

课题内容：1. 人体姿态设计

2. 系列服装人体姿态设计

课题时间：12课时

教学目的：本章要求学生掌握设计人体姿态的方法及默写人体姿态的步骤，并且能设计出系列服装人体姿态。

教学方式：采用理论讲授、教师示范、探究法、分组讨论、小组合作学习等多种方式。

教学要求：教学场地配备多媒体教学设备、视频展示台。

课前准备：1. 学生需要准备听课笔记本、画夹、铅笔、橡皮擦、直尺等工具。

2. 教师准备相关内容挂图、示范绘画工具及教学课件等。

第一节　人体姿态设计

　　服装能增加人体体态之美，或掩盖形体上某些部位的缺陷，但它只有依附于人体的活动过程才能显示出美感价值。当着装的模特在服装T台上展现出诱人的艺术形象时，模特在台上所摆出的各种美妙姿态，对于服装设计作品的展示有着极为重要的意义。所以服装审美的本质含义是服装与人的体态、姿态三者的统一，即体态美通过服装美而显示，服装美因体态美而展现。

　　我们在服装绘画中，要更理想地展示出服装的美感，应该掌握人体姿态设计的方法。以下介绍两种人体姿态的设计方法。

一、根据人体躯干动态设计人体姿态

　　先确定一个合理的躯干动态，并使下肢的一条腿受力，可以根据其运动的基本规律确定另一条腿的位置，从而设计出多种下肢姿态；上肢不承受人体重量，因此可以根据上肢的运动规律设计出丰富的上肢姿态。根据这种姿态设计方法，我们可以获得多种人体姿态，以充实设计中的人体姿态需求（图7-1、图7-2）。

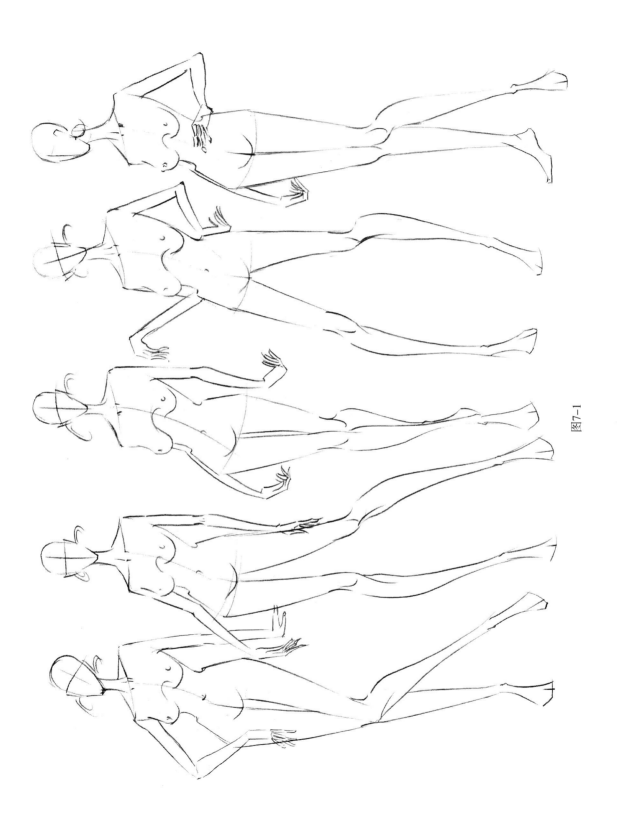

图7-1

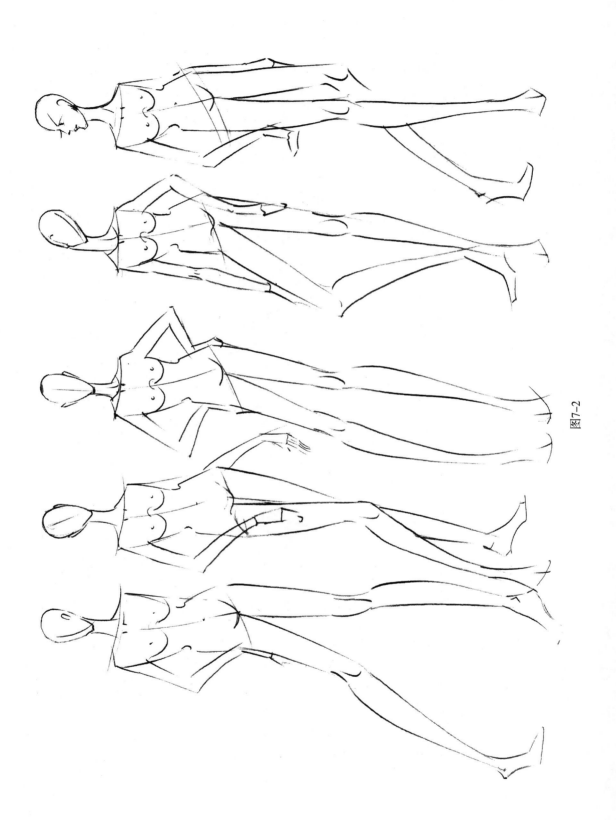

图7-2

二、根据服装风格设计人体姿态

　　首先分析和明确服装的造型特点、风格，如淑女装、运动装、休闲装、职业装等。然后确定能够充分反映服装造型特点和风格的人体角度，如正面、2/3侧面或全侧面等。再根据对服装的感受确定躯干和四肢的姿态，注意人体的姿态要与服装的状态保持一致。根据服装风格设计人体姿态的步骤与默写相同（图7-3）。

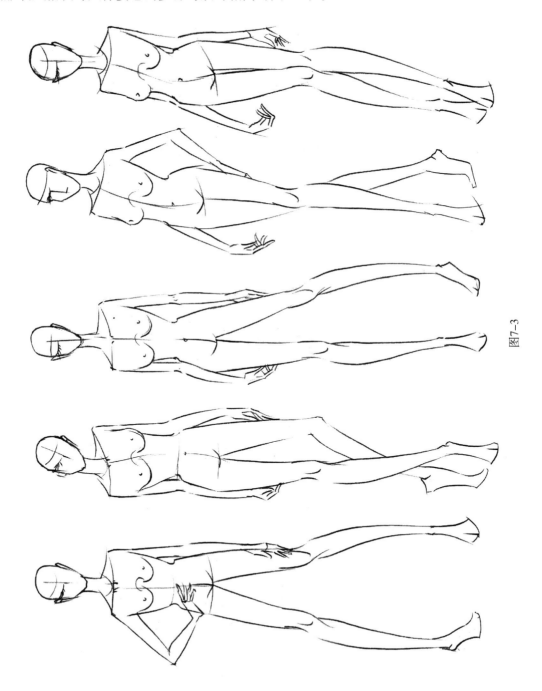

图7-3

第二节　系列服装人体姿态设计

　　由于生活水平的日益提高，人们对服装美的渴望与追求也在不断提升。近些年，国内外各类服装设计比赛日益增多，几乎每个月都有大型的服装设计大赛开幕，在校大学生积极参加服装设计比赛是检验自己设计能力的有效方法。几乎所有服装设计比赛要求参赛者提交的设计稿都要以系列服装的形式呈现，一般要求设计符合主题的系列服装3~6款。

　　系列服装需要有系列的服装人体姿态展示。这种系列人体姿态造型，人体与人体之间要互相呼应，动态上需要与服装风格协调一致，人体动态造型生动唯美。我们可以运用人体姿态设计方法进行系列服装人体姿态设计。依据人体姿态设计方法，我们可以获得多种人体姿态，以充实设计中的人体姿态需求（图7-4~图7-18）。

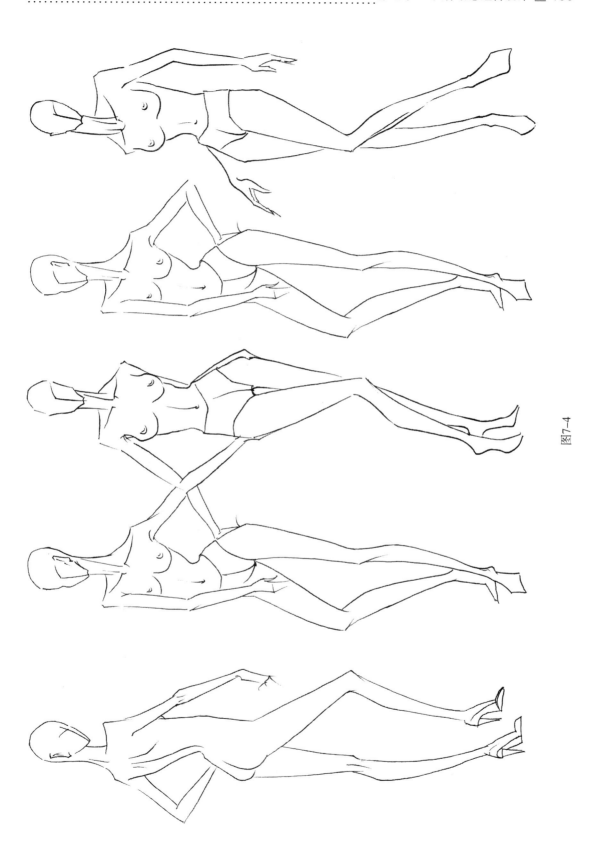

图7-4

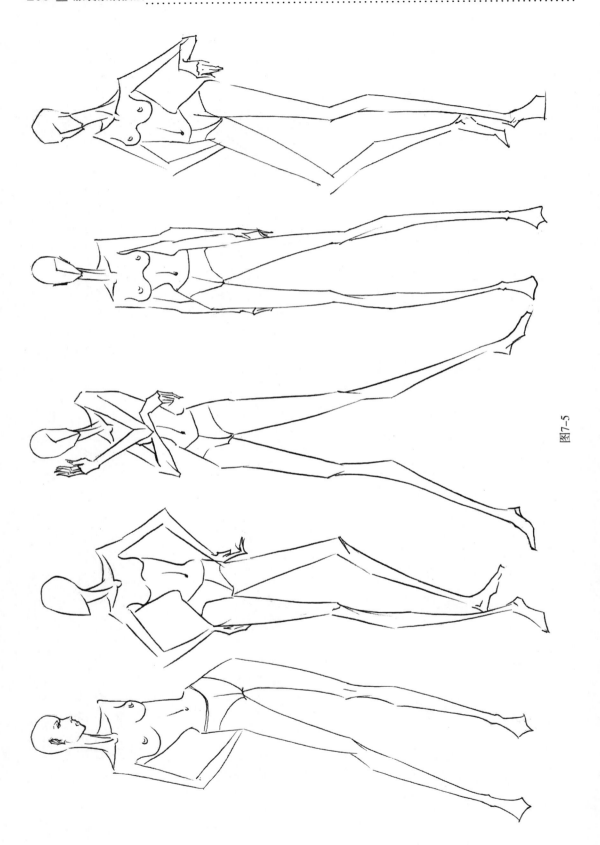

图7-5

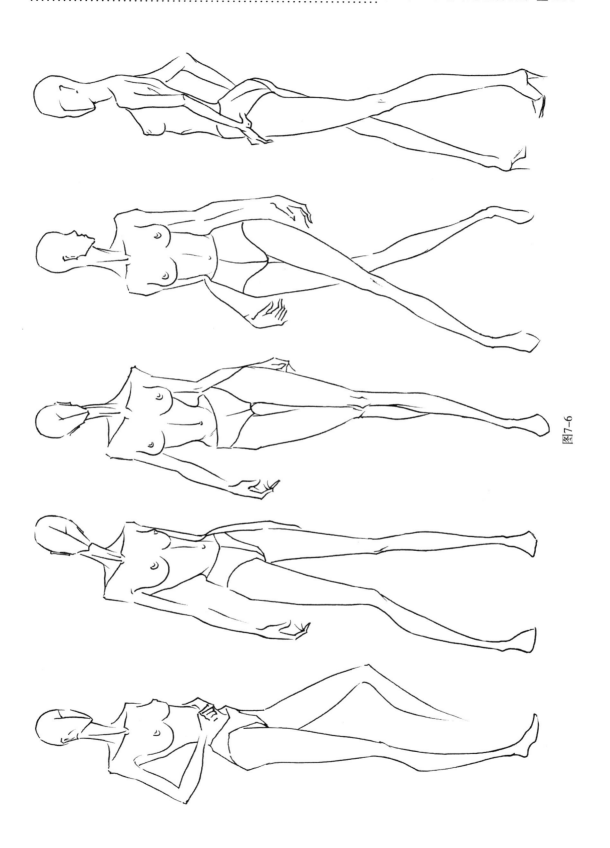

图7-6

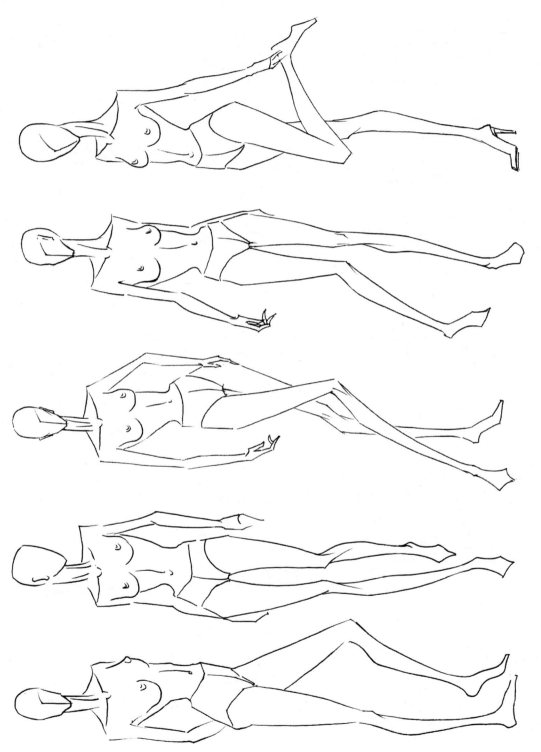

图7-7

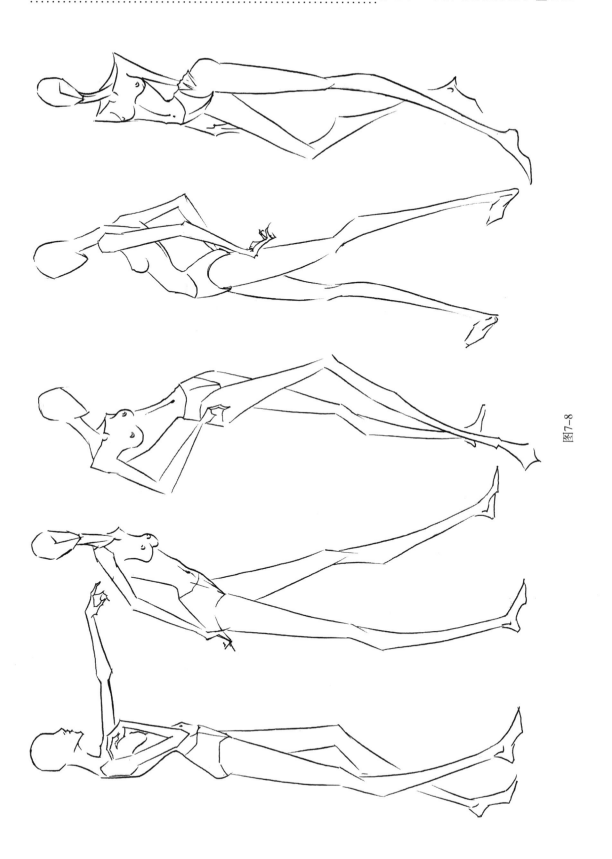

图7-8

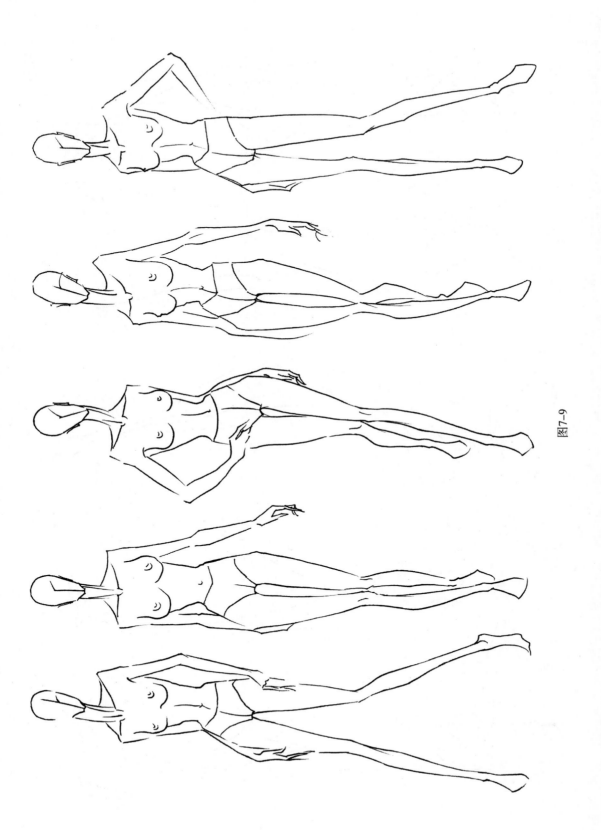

图7-9

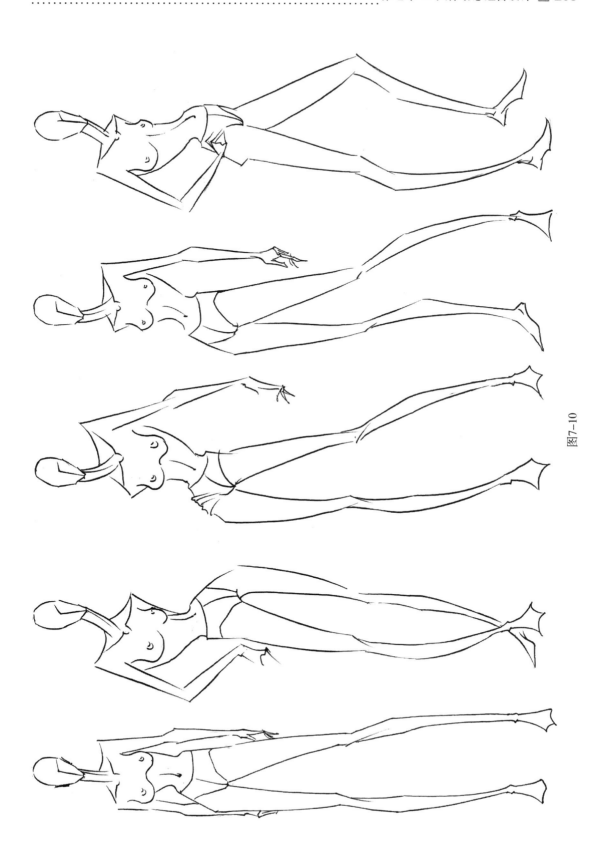

图7-10

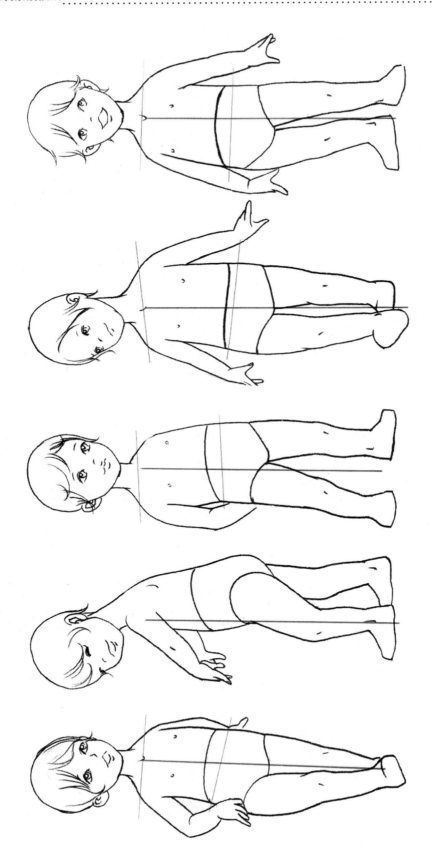

图7-11

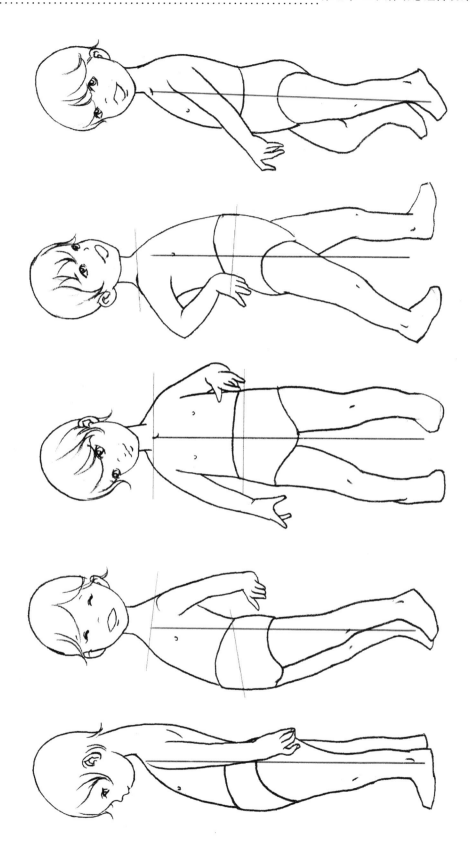

图7-12

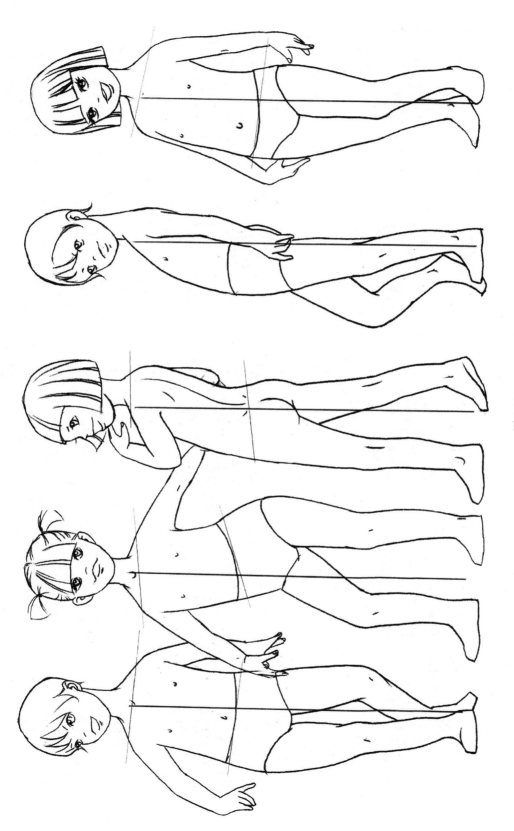

图7-13

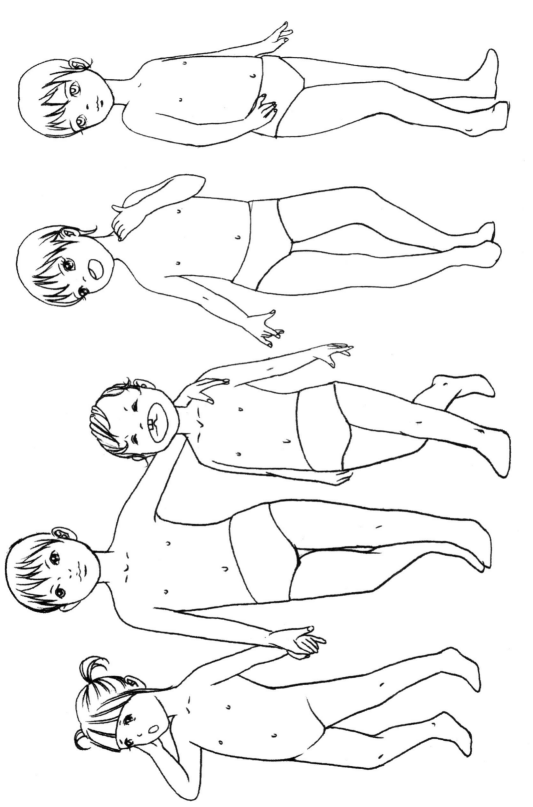

图7-14

图7-15

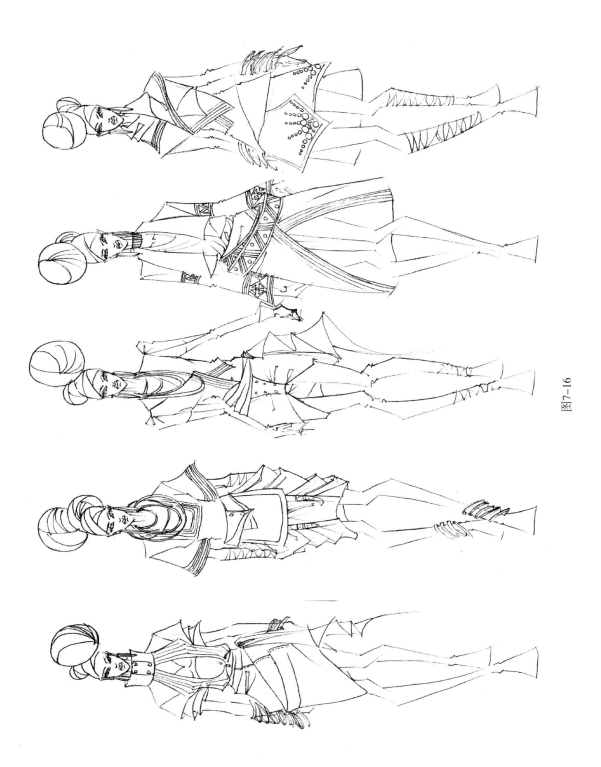

图7-16

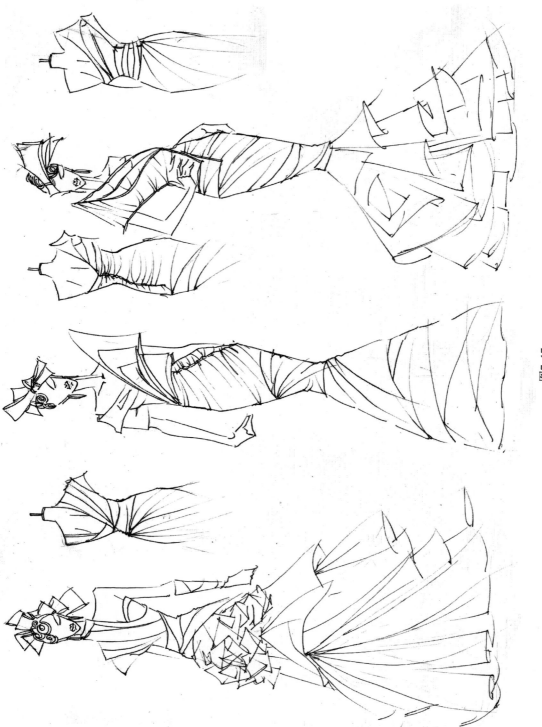

图7-17

图7-18

思考题

　　人体姿态设计有哪几种方法?

练习题

　　设计服装人体姿态2个系列。

　　要求:构图恰当、人体造型准确,服装人体姿态具有系列感。

参考文献

［1］唐玉冰. 服装设计表现［M］. 北京：高等教育出版社，2005.

［2］肖文陵. 服装人体素描（第2版）［M］. 北京：高等教育出版社，2004.

［3］庞绮，王群山. 服装设计常用人体手册［M］. 南昌：江西美术出版社，2009.

附录　优秀作品欣赏

附图1

附图2

附图3

附图4

附图5

附图6

附图7

附图8

附图9

附图10

附图11

附图12

附图13

附图14

附图15

附图16

附图17

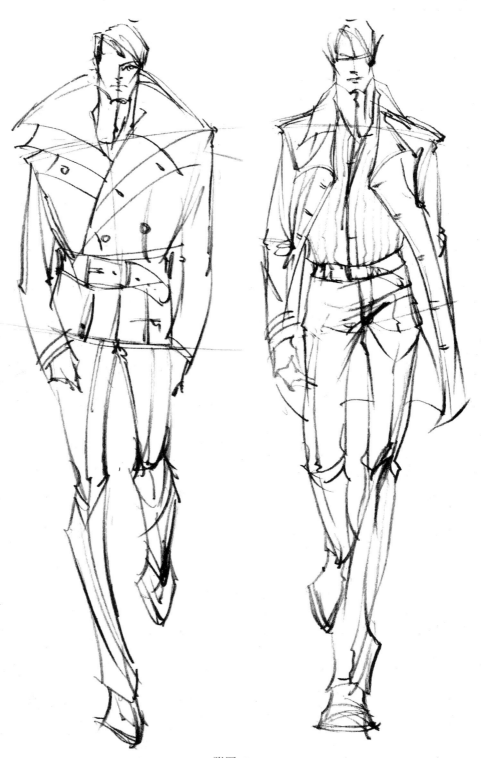

附图18

附图19

附图20

附图21

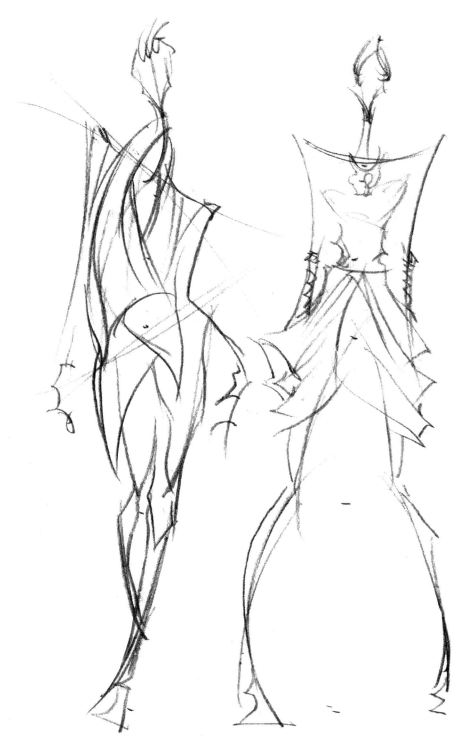

附图22

附图23

附图24

附图25

附图26

附图27

附图28

书 目：<u>服装类</u>

书 名	作 者	定价(元)
【服装高等教育"十二五"部委级规划教材】		
女装结构设计与产品开发	朱秀丽　吴巧英	42.00
现代服装材料学(第2版)	周璐瑛　王越平	36.00
运动鞋结构设计	高士刚	39.80
服装生产现场管理(第2版)	姜旺生　杨洋	32.00
新编服装材料学	杨晓旗　范福军	38.00
实用服装专业英语(第2版)	张小良	36.00
发式形象设计	徐莉	48.00
CAD 服装款式表达	高飞寅	35.00
服装产品设计：从企划出发的设计训练	于国瑞	45.00
运动鞋造型设计	魏伟　吴新星	39.80
形象设计概论	肖彬	49.80
色彩设计与应用	陈蕾	49.80
服装生产管理(第四版)(附盘)	万志琴　宋惠景	39.80
针织服装艺术设计(第2版)	沈雷	39.80
服装厂与生产线设计	王雪筠	32.00
童装结构设计与制板	马芳　李晓英	39.80
【服装高等教育"十二五"部委级规划教材(本科)】		
服装纸样与工业	刘美华　赵欲晓	48.00
礼服设计与立体造型	魏静　等	39.80
服装工业制板与推板技术	吴清萍　黎蓉	39.80
服装表演基础	朱焕良	35.00
纺织服装前沿课程十二讲	陈莹	39.80
服装画表现技法	李明　胡迅	58.00
成衣设计与立体造型(附光盘1张)	魏静	39.80
时装工业导论(附光盘1张)	郭建南	38.00
舞蹈服装设计	韩春启	68.00
创意空间	冯信群　刘晨澍　刘艳伟	45.00
服装 CAD 应用教程(第2版)	陈建伟	39.80
服装外贸与实务	范福军　钟建英	39.80
服饰品陈列设计	金憓	49.80
服装色彩学(第6版)	黄元庆　等	35.00
服装立体造型实训教程	魏静　等	38.00
服装整理学(第2版)	滑钧凯	39.80
服装学概论(第2版)	李正　徐崔春　李玲　顾刚毅	39.80

书目：<u>服装类</u>

书　名	作　者	定价(元)
【时装画】		
实用时装画技法	郝永强	49.80
服装画技法	张宏　陆乐	28.00
数码时装画	邹游	42.00
时装画风格六人行(附盘)	王羿　等	58.00
服装画应试	宋魁友	30.00
时装画技法(第2版)	邹游	49.80
绘本:时装画手绘表现技法	刘笑妍	49.80
中国服装艺术表现	石嶙硕	58.00
【服装设计】		
服装设计方法论:流程·应变·决策	刘晓刚	39.80
参赛新丝路:国际服装设计大赛全程记录	李小白	39.80
突破与掌控——服装品牌设计总监操盘手册	袁利　赵明东	68.00
设计中国:中国十佳时装设计师原创作品选萃	中国服装设计师协会	58.00
打破思维的界限:服装设计的创新与表现(第2版)	袁利　赵明东	68.00
一本纯粹的设计师手稿	袁利	42.00
设计的理念	陈芳	42.00
服装设计基础创意	史林	34.00
服装延伸设计——从思维出发的设计训练	于国瑞	39.80
服装设计:艺术美和科技美	梁军　朱剑波	45.00
服装设计:美国课堂教学实录	张玲	49.80
实现设计:平面构成与服装设计应用	周少华	48.00
【时装厂纸样师讲座】		
内衣三维创样及电脑工业制板	熊晓燕　陈丽明　熊晓光	36.00
新概念女装纸样法样板设计	吴厚林	35.00
服装结构原理与原型工业制板	刘建智	29.80
针织服装结构原理与制图	谢丽钻	34.00
服装斜裁技术	庹武	32.00
童装纸样设计	马芳　侯东昱	35.00
男装精确打板推板	袁良	28.00
品牌女装结构设计原理与制板	刘玉宝　刘玉红	38.00
服装创意结构设计与制板	向东	32.00
女装精确打板推板(上册)	袁良	32.00
女装精确打板推板(下册)	袁良	32.00
服装纸样放码	李秀英　杨雪梅	22.00
童装精确打板推板	袁良　倪杰　著	28.00
女上装结构设计:经典款式实例详解	童晓谭	32.00

书目：服装类

书　　　名	作　　　者	定价（元）
【制板与缝制工艺】		
童装结构设计	柴丽芳	28.00
女装结构设计与应用	吴俊	32.00
服装制图技术	王海亮　唐建	28.00
中国毛缝裁剪法（第二版）	赵全富　赵现龙	45.00
男裤工业技术手册	刘胜军	46.00
香港高级女装技术教程	袁良	28.00
西服工业化量体定制技术	王树林	38.00
工业化成衣结构原理与制板——女装篇	杨新华　李丰	32.00
易学实用服装裁剪	郑广厚	26.00
易学实用女下装纸样设计	杨树	26.00
内衣结构设计教程	印建荣	36.00
意大利立体裁剪	尤珈	38.00
服装工业制板推板原理和技术	周邦祯	24.00
服装结构原理与制板推板技术（第三版）	魏雪晶	36.00
服装企业板房实务	张宏仁	26.00
男装童装结构设计与应用	吴俊	29.80
男装制作工艺	丁学华	38.00
服装制图与推板技术（第三版）（附盘）	王海亮	35.00
成衣缝制工艺与管理	陆鑫	45.00
精做高级服装——男装篇（附盘）	张志	28.00
服装立体裁剪	张文斌	28.00
西服加工实战技法	王树林	38.00
男西服技术手册	［日］杉山	38.00
男装裁剪与缝制技术	刘琏君	35.00
高档男装结构设计制图	周邦祯	32.00
服装结构设计与技法	吕学海	26.00
服装制作工艺教程	王秀彦	32.00
服装纸样计算机辅助设计	张鸿志	36.00
女装制版基础实训教程	郭嫚	29.80
现代男装纸样设计原理与打板	刘凤霞　韩滨颖	38.00
男装结构设计与产品开发	张繁荣　刘锋	48.00

注　若本书目中的价格与成书价格不同，则以成书价格为准。中国纺织出版社图书营销中心销售电话（010）67004422。或登录我们的网站查询最新书目：www.c - textilep.com。